幾何学は微分しないと

新装版

～微分幾何学入門～

中内 伸光 著

現代数学社

まえがき

　本書は，雑誌「理系への数学」の 2009 年 5 月号から 2010 年 6 月号まで，「幾何学は微分しないと」というタイトルで連載されたものです．内容は以下のようになっています：

　　　第 1 章〜第 2 章　　　平面曲線
　　　第 3 章〜第 4 章　　　空間曲線
　　　第 5 章〜第 9 章　　　曲面
　　　第 10 章　　　　　　　曲面上の曲線
　　　第 11 章　　　　　　　曲線論の応用（Hotelling の定理）
　　　第 12 章　　　　　　　曲面論の応用（Weyl の定理）
　　　第 13 章〜第 14 章　　多様体の入門

　「曲線，曲面，多様体の微分幾何学」をやさしく解説することを心がけました．本書は「気軽に概要がつかめる入門書」であると同時に，練習問題をちゃんと解いていくと，第 1 章から第 10 章までは「曲線と曲面の微分幾何学」の「簡単で，わりとしっかりした教科書」として使用することができます．第 11 章と第 12 章は，曲線論・曲面論の応用として Hotelling の定理と Weyl の定理を解説しました[1]．この 2 つの定理は，曲線論・曲面論のわかりやすい応用例の一つです．

　残りの 2 つの章———第 13 章と第 14 章———では，多様体の概要を述べています．2 回で多様体を解説するのは不可能なので，「なぜこう定義するのか」という動機を中心に書きました．多様体を本格的に勉強しようとする人が，まず本書の第 13 章と第 14 章を読めば，理解の助けになるでしょう．

---

[1] この 2 つの定理は American Journal of Mathematics の 61 号（1939 年）に 2 つ並んで掲載された論文で，これらの定理はもっと一般的設定で証明されています．和書では，丹野修吉著「空間図形の幾何学」（培風館）の第 7 章に紹介されており，本書を書く際には参考にさせていただきました．

本書が微分幾何学への興味の呼び水となり，曲線，曲面や多様体が身近なものになれば幸いです．私の著書のスタイルですが，「イラスト」と「おやじギャグ」が入っています[2]．本書を読んで，「微分幾何学」だけでなく，「おやじギャグ」の魅力を知るきっかけになれば，望外の喜びです[3]．

2011 年 8 月　著者

新装版にむけて

　このたび「新装版」として，判が大きくなり，読みやすくりました．少しでも多くの方々に，微分幾何学のおもしろさが伝わることを願っています．

2019 年 3 月　著者

---

[2] 本書の図やイラストは，Adobe の Illustrator を用いて描いたものです．

[3]

幾何学は微分しないと **目次**

まえがき ·· i

1. 簡にして要を得る
    〜 弧長パラメーターと曲率 ··· 1
2. 視点が動くと
    〜ムービング・フレーム ··· 11
3. ねじれの形態
    〜空間曲線 ·· 21
4. 麗しきフルネ – セレ
    〜曲線論の調和と秩序 ·· 31
5. 2次元的に拡がったもの
    〜曲面 ·· 39
6. 曲面の礎
    〜曲面の基本量 ·· 53
7. 曲面の2つの尺度
    〜平均曲率とガウス曲率 ·· 67
8. 根差している風景
    〜ガウスの公式とワインガルテンの公式 ································ 79
9. ガウス曲率の趣
    〜ガウスの定理 ·· 91

10. 描かれた軌跡
　　　〜曲面上の曲線 ·· 101

11. 形態の理
　　　〜ホテリングの定理 ·· 111

12. 重層の嵩
　　　〜ワイルの定理 ··· 119

13. 幾何学対象の一般的概念
　　　〜多様体 ·· 127

14. 構造と非可換性，そして，計量
　　　〜共変微分，曲率，リーマン多様体 ··························· 143

補足 ··· 159

公式集 ·· 165

記号 ··· 184

ギリシャ文字の一覧表 ··· 186

練習問題の答え ··· 188

付録：Q and A ·· 218

索引 ··· 222

本書の概要

多様体 入門

多様体、微分構造、
接ベクトル、接空間、
ベクトル場、微分写像、
接続（共変微分）、
捩率テンソル、曲率テンソル、
リーマン計量、レビ-チビタ接続

曲面

第1、第2基本量
平均曲率・ガウス曲率
ガウスの公式
ワインガルテンの公式

曲線

ムービングフレーム
曲率、捩率
フルネ-セレの公式

1. 簡にして要を得る
〜 弧長パラメーターと曲率

> 幾何学のすべての問題は，いくつかの直線の長ささえ知れば作図しうるような諸項へと容易に分解することができる．
> デカルト「幾何学」
> （デカルト著作集第1巻）

　ある晴れた日に，ある大学の研究室で，先生と3人の学生が机をはさんで向かい合っている．先生は，近所のコーヒー豆の専門店で買ってきたばかりのブルーマウンテンNO1のコーヒーをゆっくりと味わっていた．

学生：あのー．幾何学を勉強したいのですが・・・．
先生：幾何学にもいろいろあります．微分幾何学，位相幾何学，・・・．
学生：自分幾何学？
先生：微分幾何学です．

　幾何学の中でも，微分を用いて，幾何学的対象の性質を調べる分野が微分幾何学です．微分積分学では，関数が微分可能であるかどうかが問題になりますが，微分幾何学では，「何回でも微分できる」という前提で話を進めていきます[1]．

　微分幾何学の対象は

　　　　1次元の対象　————　曲線
　　　　2次元の対象　————　曲面
　　　　n次元の対象　————　n次元多様体

となります．本書では，古典的な「曲線と曲面の微分幾何学」と「多様体」の初歩を解説したいと思います．

---
[1] 最近の微分幾何では，「微分できる」という前提がないものも見られますが…．

1.1 曲線とは

『曲線』って，『曲がった線』のことですか？
——「直線」より

曲線というと，どのようなものを想像しますか？

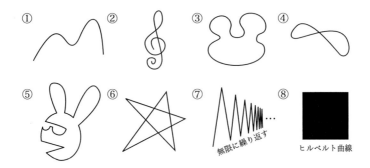

　これらはすべて曲線です．⑧のヒルベルト曲線は正方形の内部のすべての点を通る曲線です．ヒルベルト曲線はいたるところ微分不可能です．このような pathological な（"病的な"）例をみると，「曲線とは何か？」，「次元とは何か？」という根源的な問題が顕在化してきます．ただ，微分幾何学の対象となる曲線は，①〜④のようななめらかな曲線（無限回微分可能な曲線）ですので，安心してどんどん微分していってください．

幾何学的対象を見たら，とりあえず微分してみよう．

1.2 曲線のパラメーター

　曲線は 1 次元ですので，1 つの**パラメーター**（**parameter**）で表示することができます．半径 1 の円 $x^2+y^2=1$ は，
$$x = \cos t, \quad y = \sin t \quad (0 \leqq t < 2\pi)$$
というパラメーター表示ができます．一つの曲線のパラメーター表示は無数にあります．たとえば，

$$x(t) = \frac{t^2-1}{t^2+1}, \quad y(t) = -\frac{2t}{t^2+1} \quad (-\infty \leq t < \infty)$$

も半径 1 の円のパラメーター表示です[2].

一般に，xy-平面 $\mathbb{R}^2$ 上の
$$F(x, y) = 0$$
で表される曲線を
$$x = x(t)$$
$$y = t(t)$$
とパラメーター表示すると，非常に便利です．以下，パラメーター表示された曲線を

(1) $\quad C(t) = (x(t), y(t))$

と書くことにしましょう．

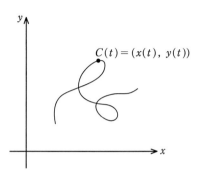

例1 (楕円) 平面曲線
$C(t) = (a\cos t, b\sin t) \quad (0 \leq t < 2\pi)$
は，原点中心の楕円である $(a, b > 0)$．

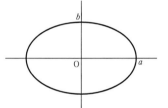

例2 (アルキメデスのらせん)

平面曲線
$\quad C(t) = (at\cos t, at\sin t) \quad (-\infty < t < \infty)$
はアルキメデスのらせん (Archimedes' spiral) と呼ばれる $(a > 0)$[3].

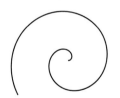

---

[2] $t = -\infty$ のとき，$x(-\infty) = 1, y(-\infty) = 0$ と定めています．ちなみに，円のこの 2 つのパラメーターは，前者のパラメーター t に対して $-\cot\left(\frac{t}{2}\right)$ を新たなパラメーター t とおくことによって，前者のパラメーターが後者のパラメーターに変換されます．

[3] ふつうは極座標 (r, θ) を用いて，極形式で $r = a\theta$ と書かれているが，ここでは，$t = \theta$ としてパラメーター表示している．

また，アルキメデスのらせんは，単に「らせん (spiral)」と呼ぶこともあるが，空間曲線の「らせん (helix)」と混同するので「うずまき線 (spiral)」と言う人もいる．

例3 (サイクロイド) 平面曲線
$$C(t) = \bigl(a(t-\sin t),\ a(1-\cos t)\bigr) \quad (-\infty < t < \infty)$$
はサイクロイド (cycloid) と呼ばれる ($a > 0$) [4].

(1) のように，曲線をパラメーター表示しておくと，
$$C'(t_0) = (x'(t_0),\ y'(t_0))$$
は，点 $C(t_0) = (x(t_0),\ y(t_0))$ で曲線に接するベクトルになります．一般に，曲線に接するベクトルのことを曲線の**接ベクトル** (**tangent vector**) と呼びます．

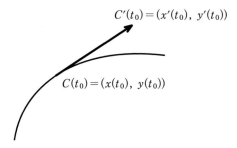

パラメーター t を時間と思うと，曲線 $C(t)$ は動いていく点の軌跡であり，接ベクトル $C'(t_0)$ というのは $t = t_0$ における速度ベクトルになります．

曲線のパラメーターは，すべての t について $C'(t)$ がゼロベクトルでない ($C'(t) \neq 0$) と仮定します [5].

> 接する機会は一度だけでしたが，
> まっすぐな人生でした．
>
> ——「接ベクトル」回想記

---

[4] 「最短降下線」としても知られている．

[5] なぜなら，「$C'(t) = 0$ となる点」があっても，そのような点を除いて，区分的 (piecewise) にあつかっていけば良いですから．

> **練習問題 1.1** 答えは 188 ページ
>
> 例 1 ～ 例 3 の各点における接ベクトルを求めよ．

1.3 弧長パラメーター

　曲線のパラメーターは，特別なパラメーターをとると，計算や結果の記述が簡単で美しいものになります．

先生：そのようなパラメーターとして，『弧長(こちょう)パラメーター』というものがある．

学生：校長腹出ーたー(こうちょうはら)？

先生：あのねー．

弧長パラメーター(arclength parameter) とは
(2) $$\|C'(t)\| = 1$$
を満たすようなパラメーター t のことである．

　ここで $\|C'(t)\|$ は，ベクトル $C'(t)$ のノルム，すなわち
$$\|C'(t)\| = \sqrt{x'(t)^2 + y'(t)^2}$$
です．一般のパラメーター t と区別するために，**弧長パラメーターは，記号 s を用います**．

先生：弧長(こちょう)パラメーターがあれば，曲線論，ひいては，地球の危機が救えるのだ．

学生：先生は，大げさですね．

先生：『誇張(こちょう)パラメーター』だからね．

学生：…．（寒いギャグに固まる．）

弧長パラメーター s は，「曲線の弧の長さ」をパラメーターとしたものです．曲線上の点 $C(a)$ から点 $C(b)$ までの弧の長さは

$$(3) \quad \int_a^b \|C'(t)\| dt = \int_a^b \sqrt{x'(t)^2 + y'(t)^2}\, dt$$

で表されます．これは，曲線を近似した線分の長さの和の極限が

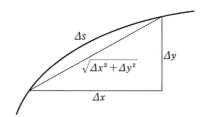

であると考えれば，弧の長さが (3) で表されることは，直感的に納得がいくことでしょう．

特に，弧長パラメーター s のときは，$\|C'(s)\| = 1$ ですから，(3) は $b-a$ となります．これは，$C(a)$ から $C(b)$ までの曲線の弧の長さが $b-a$ であること，すなわち，弧長パラメーターは，曲線の弧の長さがパラメーターであることを示しています[6]．

学生：曲線 $C(t)$ の弧長パラメーターを求めるにはどうしたら良いのですか？
先生：パラメーター t の関数として

$$s(t) = \int_0^t \|C'(t)\| dt = \int_0^t \sqrt{x'(t)^2 + y'(t)^2}\, dt$$

と書ける．ただ，曲線 $C(t)$ を s でパラメーター表示するためには，この積分を計算した上に，求めた関数 $s(t)$ の逆関数 $t = t(s)$ をとって，$C(t)$ に代入しなければならない．

---

[6] これは，$a = 0$ として考えると，理解しやすいかもしれません．実際 $C(0)$ から $C(b)$ までの弧の長さが b となります．

学生：大変そうですね．

先生：積分も存在するし，逆関数も存在するが[7]，それを"よく知られている関数"で表示するのは一般にはむずかしい[8]．

学生：それじゃ，実用的ではないですね．

先生：理論上，曲線の議論をするときは，弧長パラメーターを用い，実際の計算では，一般のパラメーターで計算することも多い．ただ，公式や結果を美しく記述するためには，弧長パラメーターが必要だ．

練習問題 1.2 　　　　　　　　　　　　　　　　　　　　　　答えは 188 ページ

放物線 $C(t) = (t, t^2)$ を弧長パラメーターで表示せよ．

1.4　曲線の曲率

「円形はまっすぐであると同じ程度に円く，
直線形は円いのと同じ程度にまっすぐで
あるということなのかね？」
　　　　　　　ソクラテス「メノン」(岩波書店)

学生：高速道路で急カーブに近づくと，こんな標識があったのですが．

先生：これは，『曲率半径』だな．

学生：きょくりつはんけい？

---

[7] $0 \neq \|C'(t)\| = \|C'(s)s'(t)\| = \|C'(s)\|\|s'(t)\| = |s'(t)|$ より $s'(t) \neq 0$ となり，$s = s(t)$ は t の関数として単調関数です．したがって，逆関数 $t = t(s)$ が存在します．

[8] よく知られている関数というのは，

　　　代数関数 (有理関数と，いわゆる無理関数)，
　　　三角関数，逆三角関数，
　　　指数関数，対数関数

と，それらの「有限回の四則演算」および「合成関数をとる有限回の操作」によって得られる関数のことです．このような関数のことを**初等関数**とよびます．ただ，「初等関数」の定義には，いくつかの流儀があって，微妙に定義が違っています．ちなみに，「無理関数」も"俗称"なので，困ったときには「無理関数とは，有理関数でない代数関数である」と無難に言っておきましょう．

先生：『R＝500m』というのが，『曲率半径500メートル』ということだよ．

学生：どういう意味ですか？

先生：道路の曲線を"円で近似"したときの半径が500mであることを示している．

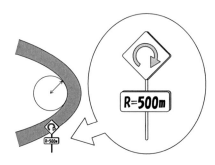

先生："円で近似"するというのは，その点で，円が曲線に2次の接触をするということだ．

学生：2次の接触？

先生：曲線とその点で2階微分まで一致するということ．

学生：2階微分ですか？

先生：微分積分学で，

　　　　　　1階微分が一致する『接線』で近似する

というのがあるが，

　　　　　　2階微分までが一致する『曲率円』で近似する

ということだ[9]．

学生：3階微分以上はどうするんですか？

先生：数学者は2までしか数えられないから大丈夫だ[10]．

学生：2までしか・・・!?

---

[9] 2次の接触をする円を**曲率円**とよびます．

[10] 「数学者には3種類ある．3つまでの数を数えられる人と，数えられない人と．」（アルブレヒト・ボイテルスパヒャー「数学はいつも苦手だった」日本評論社，181ページ．）

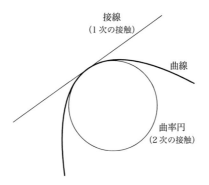

「直線」と「円」は神がお造りになった．
他の曲線は人間が作った．
「新訳聖書」 弧長による福音書より

　曲線 $C(s)$ の $C(s_0)$ における曲率半径（= 曲率円の半径）$r(s_0)$ は，次のように書くことができます．

(4) $$r(s_0) = \lim_{\Delta\theta \to 0} \frac{\Delta s}{\Delta \theta}$$

ただし，

　Δs は $C(s_0)$ から $C(s_0 + \Delta s)$ までの曲線の弧の長さ

　$\Delta \theta$ は，曲率円の中心から測った $C(s_0)$ と $C(s_0 + \Delta s)$ の角度

です．円の弧の長さ s と半径 r と弧に対応する角度 θ についての関係 $s = r\theta$ を思い起こして，上記の曲率半径の等式をながめてみてください．

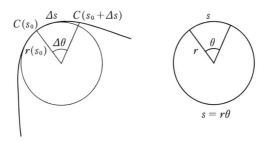

曲率半径が大きくなればなるほど，曲がりぐあいが小さくなります．

1. 簡にして要を得る　〜弧長パラメーターと曲率

先生：『曲がりぐあい』を表す量としては，逆に，『その量が大きくなるほど曲がりぐあいが大きくなる』ことが望ましい．

学生：確かに，そうですね．

先生：そこで曲率半径の逆数，すなわち，$\frac{1}{曲率半径}$ を"曲率"と呼ぶ．

学生："曲率"と引用符をつけたのはどうしてですか？

先生：実際の，平面曲線の曲率は，$\frac{1}{曲率半径}$ に±の符号をつけたものだからだ．

学生：符号はどのようにして決まるのですか？

先生：曲線に沿って，パラメーターの増える向きに進んだときに

　　　左に曲がるのが，正の方向

　　　右に曲がるのが，負の方向

となるように符号が定義されている．
(先生を乗せた車．学生が運転している．)

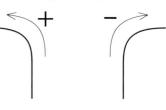

学生：次の交差点は，どちらに曲がりましょうか？

先生：曲率が正の方向へ．

学生：えーっと．えーっと．

先生：早くハンドルを切って，あっ．

あとのまつり【後の祭】
　①祭りのすんだ翌日．
　②時機におくれてどうにも仕様の
　　ないこと．手おくれ．
　　　　　広辞苑第五版より

2. 視点が動くと
〜 ムービング・フレーム

みると，さっきから，ごとごとごとごと，
ジョバンニの乗ってゐる小さな列車が
走りつづけてゐたのでした．

宮沢賢治「銀河鉄道の夜」（岩波書店）

研究室でコーヒーを飲んでいると，ノックの音が．

学生：先生，曲線の話の続きを伺いに来ました．
先生：今日は，ムービング・フレームの話から始めましょう．
学生：むーびんぐ・ふれーむ？
先生：曲線に沿って"動く"座標系です．

座標系のとり方にはいろいろあります．おのおのの曲線に適した座標系をとると，記述が簡単で美しいものになります．しかも，平面上の xy 座標というような固定された座標系ではなく，曲線に沿って"動いていく"座標系を考えます．

2.1 曲線のムービング・フレーム

曲線 $C(s) = (x(s), y(s))$ に対して，接ベクトル $C'(s)$ とそれに直交するベクトルをとると，平面 $\mathbb{R}^2$ の基底になります．このようなベクトルの組として，ムービング・フレームを定義しましょう．以下，曲線はすべて弧長パラメーター s で表示されているものとします．

2. 視点が動くと 〜ムービング・フレーム

> 平面曲線 $C(s)$ に対して，
> $$e_1(s) = C'(s)$$
> $e_2(s)$ は，$e_1(s)$ を $\frac{\pi}{2}$（反時計回りに 90 度）だけ回転したベクトルとおいたとき，これらのベクトルの組
> $$e_1(s), e_2(s)$$
> を，曲線 $C(s)$ の**ムービング・フレーム**(moving frame)と呼ぶ[1]．

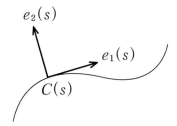

学生：ムービング・フレームって，ヒゲをそるときに使うやつ？
先生：それはシェービング・クリームだ．

弧長パラメーターの定義から，ベクトル $e_1(s) = C'(s)$ の大きさは 1 であり，$e_1(s)$ と $e_2(s)$ は $\mathbb{R}^2$ の正規直交基底になっています．

平面曲線の曲率は，ムービング・フレーム $e_1(s), e_2(s)$ を用いて，次のように天下り的に定義します．

> 平面曲線 $C(s)$ に対して
> $$\kappa(s) = e_1'(s) \cdot e_2(s)$$
> を，この曲線の**曲率**(curvature)と呼ぶ．ここで，$e_1'(s) \cdot e_2(s)$ は，ベクトル $e_1'(s)$ と $e_2(s)$ の内積である．

---

[1] moving frame の和訳は，「**動標構**」であり，名訳だと思います．

学生：これが前回出てきた『曲率半径の逆数』に対応しているのですか？

先生：『曲率の絶対値 = 曲率半径の逆数』，すなわち，

(1) $$|\kappa(s)| = \frac{1}{r(s)}$$

となる[2]．実際に，曲線 $C(s) = (x(s), y(s))$ に対して，計算してみるとわかるよ．

学生：え〜っと，
$$e_1'(s) = C''(s) = (x''(s), y''(s))$$
$$e_2(s) = (-y'(s), x'(s))$$

なので，
$$\kappa(s) = e_1'(s) \cdot e_2(s)$$
$$= x'(s)y''(s) - x''(s)y'(s)$$

となります．

先生：$\|C'(s)\| = 1$，すなわち，$x'(s)^2 + y'(s)^2 = 1$ であることに注意して，$\tan\theta(s) = \dfrac{y'(s)}{x'(s)}$ とおくと

(2) $$\kappa(s) = x'(s)y''(s) - x''(s)y'(s)$$
$$= \frac{x'(s)y''(s) - x''(s)y'(s)}{x'(s)^2 + y'(s)^2}$$
$$= \left(\arctan\left(\frac{y'(s)}{x'(s)}\right)\right)'$$
$$= \theta'(s) = \frac{d\theta}{ds}$$

となる[3]．

学生：$\theta(s)$ は何ですか？

---

[2] 空間曲線については，曲率の定義の違いにより，曲率が常に非負となるので，絶対値は必要でなく，$\kappa(s) = \dfrac{1}{r(s)}$ となります．

[3] 言うまでもないことですが，arctan は逆三角関数です．記号 $\tan^{-1}$ を使う人もいますが，tan の逆数との混同など，デメリットがあるので使用していません．また，ここでの等式は，$(\arctan x)' = \dfrac{1}{1+x^2}$ であることを用いました．

先生：$\tan\theta(s) = \dfrac{y'(s)}{x'(s)}$ だから，角度 $\theta(s)$ は接ベクトル $C'(s)$ が x 軸となす角度だ．

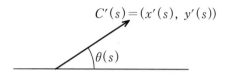

学生：式(2)から

(3) $$\kappa(s) = \theta'(s)$$

であることがわかりますが，これは，**曲率が接ベクトルのなす角度の変化率である**ということを示しているんですね[4]．

先生：一方，前回出てきた曲率半径に関する等式

(4) $$r(s) = \lim_{\Delta\theta \to 0} \frac{\Delta s}{\Delta\theta}$$

を思い起こすと[5]

---

[4] 等式(3)の両辺を積分すると

$$\int_a^b \kappa(s)ds = \theta(b) - \theta(a)$$

となり，曲率の積分 $\int_a^b \kappa(s)ds$ は接ベクトルの**回転数**を表わすことがわかります．

回転数は 1　　　回転数は 2

[5] 9ページの式(4)を参照．

(5) $$r(s) = \frac{1}{\left|\dfrac{d\theta}{ds}\right|}$$

となる．

学生：どうして絶対値がつくのですか？

先生：式(4)の $\Delta\theta$ は，$C(s)$ と $C(s+\Delta s)$ のなす角度なので，$\theta(s) > \theta(s+\Delta s)$ の場合も考慮すると，近似的に $\Delta\theta = |\theta(s+\Delta s) - \theta(s)|$ と表される[6]．したがって絶対値は必要だ[7]．(3) と (5) から求める等式が得られる．

練習問題2.1 答えは189ページ

曲線 $C(s)$ の曲率は，(2) より
$$\kappa(s) = x'(s)\, y''(s) - x''(s)\, y'(s)$$
と表わされることがわかった．これを仮定して一般のパラメーター t で表示された曲線 $C(t)$ の曲率は
$$\kappa(t) = \frac{\dot{x}(t)\,\ddot{y}(t) - \ddot{x}(t)\,\dot{y}(t)}{(\dot{x}(t)^2 + \dot{y}(t)^2)^{\frac{3}{2}}}$$
で表されることを示せ．ただし，s についての微分 $x'(s)$, $x''(s)$, $y'(s)$, $y''(s)$ と区別するために，t についての微分は $\dot{x}(t)$, $\ddot{x}(t)$, $\dot{y}(t)$, $\ddot{y}(t)$ という記号を用いている．ヒント：パラメーターの変換 $t = t(s)$ を使用せよ．

---

[6] 9ページで使用された記号 $\Delta\theta$ は，曲率円の中心からの偏角，したがって，接ベクトルのなす角度ですが，符号を考慮していません．したがって，ここで用いられた角度 $\theta(s)$ に対しては，$\Delta\theta = |\theta(s+\Delta s) - \theta(s)|$ と書く方が正しいです．同じ記号 θ ですので，混乱しないように注意してください．

[7] 実際，
$$r(s) = \lim_{\Delta\theta \to 0} \frac{\Delta s}{\Delta\theta} = \frac{1}{\lim_{\Delta s \to 0} \frac{\Delta\theta}{\Delta s}} = \frac{1}{\lim_{\Delta s \to 0} \frac{|\theta(s+\Delta s) - \theta(s)|}{\Delta s}} = \frac{1}{\left|\lim_{\Delta s \to 0} \frac{\theta(s+\Delta s) - \theta(s)}{\Delta s}\right|} = \frac{1}{\left|\dfrac{d\theta}{ds}\right|} = \frac{1}{|\kappa(s)|}$$
となります．

練習問題 2.2　　　　　　　　　　　答えは 189 ページ

練習問題 2.1 の公式を用いて，以下の曲線の曲率を計算せよ．
(1) 楕円　$C(t) = (a\cos t, b\sin t)$　$(a, b > 0)$
(2) サイクロイド　$C(t) = (a(t - \sin t), a(1 - \cos t))$　$(a > 0)$

曲率 $\kappa(s)$ は，以下のように，幾何学的な不変量であることであることがわかります．

回転と平行移動による曲率の不変性
2 つの平面曲線 $C_1(s), C_2(s)$ があって，それぞれの曲率を $\kappa_1(s), \kappa_2(s)$ とする．このとき，次の 2 つは同値である：
(1) $\kappa_1(s) = \kappa_2(s)$．
(2) 回転と平行移動の合成で表される変換 T が存在して，$T(C_1(s)) = C_2(s)$ となる．

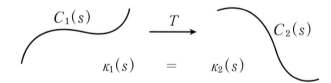

2.2　平面曲線に対するフルネ–セレの公式

先生：平面曲線に対するフルネ–セレの公式の登場だ．
学生：『平面曲線に対する』という修飾語がついているのは，なぜですか？
先生：単に『フルネ–セレの公式』というと，ふつうは空間曲線に対するものを意味するからね．

> **平面曲線に対するフルネ–セレの公式** （Frenet–Serret formula）
>
> 平面曲線 $C(s)$ のムービング・フレーム $e_1(s)$, $e_2(s)$ に対して、
> $$\begin{cases} e_1'(s) = \kappa(s) e_2(s) \\ e_2'(s) = -\kappa(s) e_1(s) \end{cases}$$
> すなわち
>
> (6) $\qquad \dfrac{d}{ds} \begin{pmatrix} e_1(s) \\ e_2(s) \end{pmatrix} = \begin{pmatrix} 0 & \kappa(s) \\ -\kappa(s) & 0 \end{pmatrix} \begin{pmatrix} e_1(s) \\ e_2(s) \end{pmatrix}$
>
> が成り立つ[8].

このように，平面曲線 $C(s)$ に対して，曲率 $\kappa(s)$ が定まり，平面曲線に対するフルネ – セレの公式が得られます．この公式は，ムービング・フレームが正規直交基底であることを示す3つの等式

$$e_1(s) \cdot e_1(s) = 1$$
$$e_1(s) \cdot e_2(s) = 0$$
$$e_2(s) \cdot e_2(s) = 1$$

を微分し，曲率の定義式を用いて，簡単に証明することができます．やってみてください．

先生：フルネ – セレの公式は，

> ムービング・フレームの動きが，
> 『曲率を成分にもつ交代行列』を係数とする
> 線形微分方程式で記述される

という美しい形をしている．

---

[8] e_1, e_2 は実際はベクトルであるが，$\begin{pmatrix} e_1 \\ e_2 \end{pmatrix}$ という記述は，「それらがまるでスカラー（ふつうの数）であるかのようにとりあつかっている」と見ても良いし，「e_1 と e_2 を横ベクトル $e_1 = (e_{11}, e_{12})$, $e_2 = (e_{21}, e_{22})$ と見て，それらを縦に並べて作られた2次の正方行列 $\begin{pmatrix} e_{11} & e_{12} \\ e_{21} & e_{22} \end{pmatrix}$ である」と見なしても良いです．このような見なし方によらずに，式(6)の内容は同じであることが確認できます．

学生：美しい形・・・．
先生：平面曲線の一般的な内容が，このような簡単な公式に集約される．数学の定理や結果を証明して終わるのではなく，じっくりながめて"鑑賞"してみてください．
学生：鑑賞ですか？

　平面曲線 $C(s)$ から曲率 $\kappa(s)$ が定まりましたが，逆に，フルネ–セレの公式を用いると，任意の C^∞ 級関数 $\kappa(s)$ を曲率にもつ平面曲線 $C(s)$ が，回転と平行移動の自由度を除いて一意的に存在することが確かめられます．

先生：したがって，回転と平行移動を無視すれば，平面曲線は曲率と，1対1に対応していること，すなわち，

$$\text{平面曲線 } C(s) \underset{1\text{対}1}{\overset{\substack{\text{回転と平行移動の}\\\text{自由度を除いて}}}{\Longleftrightarrow}} \text{曲率 } \kappa(s)$$

であることがわかる．

学生：平面曲線は曲率にほかならない，と言って良いのですか？
先生：そのとおりだ．曲率 $\kappa = \kappa(s)$ を，平面曲線を記述する方程式であると見なして，平面曲線の**自然方程式**(natural equation)と呼ぶこともある．

2.3 平面曲線の局所的構造

> あそこに見えるのは巨人なんかじゃねえだ．
> ただの風車で，腕と見えるのはその翼．
> ほら，風にまわされて石臼を動かす，
> あの風車ですよ．
>
> セルバンテス「ドン・キホーテ」（岩波書店）

平面曲線に対するフルネ – セレの公式を用いると，弧長パラメーターで表示された曲線 $C(s)$ は，$s=s_0$ の近傍で以下のように表現されます．

平面曲線の局所的構造

(7) $\quad C(s) = C(s_0) + (s-s_0)e_1(s_0)$
$\qquad\qquad + \dfrac{1}{2}(s-s_0)^2 \kappa(s_0) e_2(s_0) + O((s-s_0)^3)$

ここで，O はランダウ（Landau）の記号で，$f(s) = O((s-s_0)^n)$ は，$f(s)$ が $s=s_0$ の近傍で $(s-s_0)$ の n 次以上のオーダーであること，すなわち，$\dfrac{f(s)}{(s-s_0)^n}$ が $s=s_0$ の近傍で有界であるという意味です．フルネ – セレの公式より

$$C'(s) = e_1(s)$$
$$C''(s) = e_1'(s) = \kappa(s) e_2(s)$$

となるので，これらを $C(s)$ に対するテイラーの定理

$$C(s) = C(s_0) + (s-s_0)C'(s_0) + \frac{1}{2!}(s-s_0)^2 C''(s_0) + O((s-s_0)^3)$$

に代入すると，上記の等式が得られます．

先生：上式(7)を見ると，弧長パラメーターで表示された曲線 $C(s)$ の $s=s_0$ における局所的な構造が

$(s-s_0)$ の 1 次の項が $e_1(s_0)$ 方向

$(s-s_0)$ の 2 次の項が $e_2(s_0)$ 方向

で，2次の項の係数に曲率 $\kappa(s_0)$ が現れている．

学生：この『平面曲線の局所的構造』を考慮すると，20ページの『回転と平行移動による曲率の不変性』も直感的にわかったような気がします．

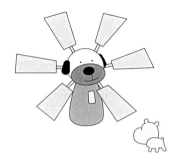

風車の局所的構造

（先生が電車の中で居眠りしている．そこへ学生が通りかかる．）

学生：先生，お早うございます．

先生：・・・，う〜ん．あっ，ドン・キホーテ．

学生：誰がドン・キホーテですか？どうしたんですか？

先生：いろいろと紆余曲率があってね．

うよ−きょくせつ【紆余曲折】
① まがりくねること．
② 事情がこみいっていろいろ変化のあること．

広辞苑第五版より

3. ねじれの形態
〜 空間曲線

空間には３つの次元があり，
数は無限であることを心は感じとる．

パスカル「パンセ」（パスカル著作集VI）

喫茶店でコーヒーを飲んでいると「先生！」という声が．ふと見上げると学生の姿．

学生：空間曲線の話を伺いたいのですが…．
先生：平面曲線と同様です．
ただ，空間曲線では，『捩率（れいりつ）』を
考える必要があります．
学生：れいりつ…
ですか？
先生：曲線の"ねじれぐあい"
を表す量です．
学生：ね，ねじれぐあい…．

　空間は平面より次元が一つ増えているので，「曲率」に加えて，「捩率」という幾何学的量が必要になります．

3.1 空間曲線のパラメーターとムービング・フレーム

平面曲線の場合と同様に,空間曲線もパラメーター t を用いて

$$C(t) = (x(t), y(t), z(t))$$

と表示しておきます.平面曲線の場合と同様に,$C'(t) \neq 0$ であると仮定します.

例1 (常らせん) 正の実数 a, b に対して,空間曲線

$$C(t) = (a\cos t, a\sin t, bt)$$

を**常らせん** (ordinary helix) と呼ぶ.

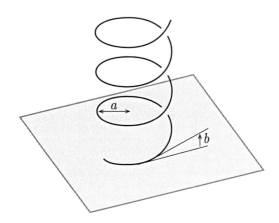

平面曲線の場合と同様に,空間曲線 $C(t)$ に対して

$$C'(t_0) = (x'(t_0), y'(t_0), z'(t_0))$$

は,点 $C(t_0)$ において,曲線に接するベクトル(接ベクトル)となり,接ベクトル $C'(t)$ の大きさ(ノルム)

$$\|C'(t)\| = \sqrt{x'(t)^2 + y'(t)^2 + z'(t)^2}$$

を 1 に正規化するパラメーター[1]，すなわち，$\|C'(t)\|=1$ を満たすパラメーター t を，**弧長パラメーター** (arclength parameter) と呼びます．弧長パラメーターの記号に文字 s を用いるのは，平面曲線の場合と同様です．

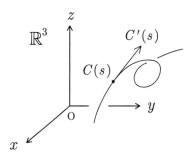

例 2 (常らせんの弧長パラメーター表示)

例 1 の常らせんを，弧長パラメーター s で表示すると

$$C(s) = \left(a\cos\left(\frac{1}{\sqrt{a^2+b^2}}s\right),\ a\sin\left(\frac{1}{\sqrt{a^2+b^2}}s\right),\ \frac{b}{\sqrt{a^2+b^2}}s \right)$$

となる．実際，例 1 の $C(t)$ の微分を計算してみると

$$\|C'(t)\| = \sqrt{a^2\cos^2 t + a^2\sin^2 t + b^2} = \sqrt{a^2+b^2}$$

であるから，$\|C'(s)\|=1$ であるためには，

$$t = \frac{1}{\sqrt{a^2+b^2}}s$$

とおけばよい．

以下，曲線は弧長パラメーター s で表示されているものとします．さらに，空間曲線 $C(s)$ の場合は，

$$C''(s) \neq 0$$

---

[1] 「**正規** (normal)」という言葉は，「**正則** (regular)」と同様に，数学ではいろいろな分野で見かける用語ですが，大ざっぱに言って，

「**正則**」とは「**まともな**」ということであるのに対し，

「**正規**」とは「**規格が統一された**」という意味です．

また，「**正規化** (normalization)」は「**正規な形にする**」ということです．

という条件を仮定します[2].

学生：$C''(s) \neq 0$ という条件をおくのは，なぜですか？

先生：平面曲線の場合は，接ベクトル $e_1(s)$ に直交する単位ベクトルは2つしかない[3]．その一方を $e_2(s)$ とした．

学生：$e_1(s)$ を $\frac{\pi}{2}$ だけ回転したベクトルが $e_2(s)$ でしたね．

先生：空間曲線の場合，ムービング・フレームを同様に考えようとすると，接ベクトル $e_1(s)$ に直交するベクトルがたくさんある．

学生：確かに，無数にありますね．

先生：そこで，接ベクトル $C'(s)$ に直交するベクトルとして $C''(s)$ を採用しようというわけだ．ただし，大きさを1に正規化するために，$\|C''(s)\|$ で割っておくけど．

学生：そうすると，$C''(s) \neq 0$ でないと $e_2(s)$ が定義されないことになりますね．

先生：空間 $\mathbb{R}^3$ の基底なので，$e_1(s), e_2(s)$ に加えて，もう一つのベクトル $e_3(s)$ を定義してやる必要がある．

学生：$e_3(s)$ はどうやって決めるのですか？

先生：$e_1(s), e_2(s)$ に直交する単位ベクトルを $e_3(s)$ とする．ただし，$e_1(s), e_2(s), e_3(s)$ がこの順に右手系であるものをとる．外積を用いて表わすと

$$e_3(s) = e_1(s) \times e_2(s)$$

となる．

学生：外積を使うのはなぜですか．

先生：使わないと，記述が非常に複雑になるからね．

---

[2] 条件 $C''(s) \neq 0$ が成り立たない点は除外して考えてやれば良いです．ある区間で $C''(s) = 0$ ならば，積分することにより $C(s) = as + b \ (a, b \in \mathbb{R}^3)$ となり，曲線 $C(s)$ は直線上にあることになります．したがって，一般の曲線は，$C''(s) \neq 0$ を満たす曲線と線分（直線の一部）をなめらかにつないでできたものになります．

[3] 「単位」というのは "unit" の和訳で，「大きさが1の」という意味です．

> 空間曲線 $C(s)$ に対して，
> $$e_1(s) = C'(s)$$
> $$e_2(s) = \frac{C''(s)}{\|C''(s)\|}$$
> $$e_3(s) = e_1(s) \times e_2(s)$$
> とおいたとき，これらのベクトルの組
> $$e_1(s),\ e_2(s),\ e_3(s)$$
> を，曲線 $C(s)$ の**ムービング・フレーム** (moving frame) と呼ぶ．ただし，$e_1(s) \times e_2(s)$ はベクトル $e_1(s)$ と $e_2(s)$ の外積である[4]．

$e_1(s),\ e_2(s),\ e_3(s)$ は，曲線 $C(s)$ に沿った正規直交基底である．実際，s は弧長パラメーターだから $\|C'(s)\| = 1$ であり，$\|e_1(s)\| = \|e_2(s)\| = \|e_3(s)\| = 1$ であることは定義から直ちに得られる．$\|C'(s)\|^2 = 1$ の両辺を微分すると，$2C'(s) \cdot C''(s) = 0$ となり，$e_1(s) \cdot e_2(s) = 0$ であることが導かれる．

また，外積の性質により
$$e_1(s) \cdot e_3(s) = e_1(s) \cdot (e_1(s) \times e_2(s))$$
$$\stackrel{\substack{\text{外積の}\\\text{基本的性質}}}{=} \det(e_1(s),\ e_1(s),\ e_2(s))$$
$$\stackrel{\substack{\text{行列式の}\\\text{基本的性質}}}{=} 0$$

である．同様にして，$e_2(s) \cdot e_3(s) = 0$ であることが確かめられる．

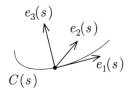

---

[4] 「ベクトルの外積」については，159 ページを参照してください．

> **練習問題 3.1** 答えは190ページ
>
> 常らせんのムービング・フレーム $e_1(s), e_2(s), e_3(s)$ を求めよ.

3.2 曲率と捩率

曲がれば則ち全く，枉まれば則ち直く
（曲則全，枉則直）
「老子」(岩波書店)

> 空間曲線 $C(s)$ に対して
> $$\kappa(s) = e_1'(s) \cdot e_2(s) \stackrel{e_2(s)の定義より}{=} \|e_1'(s)\|$$
> を[5]，この曲線の**曲率 (curvature)** と呼ぶ[6]．ここで，$e_1'(s) \cdot e_2(s)$ は，ベクトル $e_1'(s)$ と $e_2(s)$ の内積である.

学生：平面曲線の曲率も空間曲線の曲率も，定義は $\kappa(s) = e_1'(s) \cdot e_2(s)$ で同じですよね．

先生：そのとおりだ．

学生：でも，空間曲線の曲率は $\kappa(s) = \|e_1'(s)\|$ となって，非負であるのに，平面曲線の曲率は負の値もとるのはなぜですか？

先生：空間曲線のムービング・フレームの $e_2(s)$ の定義が平面曲線の場合と違うからだ．

　　　平面曲線 $C(s) = (x(t), y(t))$ を
　　　空間曲線 $C(s) = (x(t), y(t), 0)$

と見なしたとき，平面曲線としての $e_2(s)$ は空間曲線としての $e_2(s)$ にプ

---

[5] 定義より $e_2(s) = \dfrac{e_1'(s)}{\|e_1'(s)\|}$ であることに注意すれば，2つめの等式は明らかに成り立ちます．

[6] $\kappa(s) = \|C''(s)\|$ となるので，$C''(s) = 0$ である点でも，$\kappa(s) = 0$ と定義することができます．

ラス・マイナスの符号をつけたものになる．
学生：符号は，何で決まるのですか？
先生：パラメーターの向きで決まる．さらに

$$\begin{array}{c}\text{空間曲線としての}\\ \text{曲率}\kappa(s)\end{array} = \left|\begin{array}{c}\text{平面曲線としての}\\ \text{曲率}\kappa(s)\end{array}\right|$$

であることが確かめられる．

　空間曲線の場合は，曲率に加えて，次のような捩率の概念が必要となる．

空間曲線 $C(s)$ に対して
$$\tau(s) = e_2'(s) \cdot e_3(s) \stackrel{\substack{e_3(s)\text{の定義と}\\ \text{外積の性質}}}{=} \det(e_1(s), e_2(s), e_2'(s))$$
を **捩率 (torsion)** と呼ぶ[7]．

学生：曲率 $\kappa(s)$ と捩率 $\tau(s)$ は
$$\kappa(s) = e_1'(s) \cdot e_2(s)$$
$$\tau(s) = e_2'(s) \cdot e_3(s)$$
で，きれいな形ですが，天下り的な定義ですね．曲率は曲率円の半径ですが，捩率は何を表わしているのですか？
先生：実は，
$$\kappa(s) = 0 \Leftrightarrow \text{曲線は} \textbf{直線上にある}$$
$$\tau(s) = 0 \Leftrightarrow \text{曲線は} \textbf{平面上にある}$$
ということがわかる．
学生：そうすると，捩率は平面曲線を特徴づける量ですか？
先生：一言で言うと

曲率は，直線からどれだけ離れているか

（曲がりぐあい）を表わす量

---

[7] 2つめの等式が成り立つために用いられる「外積の性質」は，$a \cdot (b \times c) = \det(a, b, c)$ である．実際，$e_2'(s) \cdot e_3(s) = e_2'(s) \cdot (e_1(s) \times e_2(s)) = \det(e_2'(s), e_1(s), e_2(s)) = \det(e_1(s), e_2(s), e_2'(s))$ である．

であり，そして，

> **捩率は，平面からどれだけ離れているか**
> **（ねじれぐあい）を表わす量**

であるということになる．

「ねじれ」がなくても，意外といける．
でも，最近「ねじれ」を覚えました．
空間曲線より

先生：空間曲線の本質はすべて，『らせん』にあると言って良い．

学生：『らせん』って，例1の『常らせん』のことですね．

先生：xy-座標を見ると $(a\cos t, a\sin t)$ だから円を描いていて，その半径が a だ．

学生：これが『曲がりぐあい』ですね．

先生：その円を描いている間に，z 軸の方向にずれていく．

学生：これが『ねじれぐあい』ですか．

先生：一般の曲線は，この『曲がりぐあい』と『ねじれぐあい』が各点で変化していくだけだ．そして，これを記述しているのが，次回出てくるフルネ–セレの公式だ．

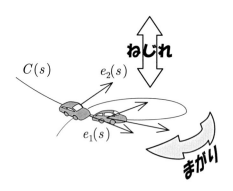

最後に練習問題を少し．

> **練習問題 3.2**　　　　　　　　　　　　　　　　　　　答えは 190 ページ
>
> 空間曲線 $C(s)$ の曲率 $\kappa(s)$ と捩率 $\tau(s)$ は次の式で表されることを示せ．
>
> (1)　　　$\kappa(s) = \|C''(s)\|$
>
> (2)　　　$\tau(s) = \dfrac{\det(C'(s),\ C''(s),\ C'''(s))}{\|C''(s)\|^2}$

> **練習問題 3.3**　　　　　　　　　　　　　　　　　　　答えは 191 ページ
>
> 常らせんの曲率と捩率を求めよ．

常らせんの場合は，弧長パラメーター表示が簡単に得られました．しかし，平面曲線の場合と同様に，よく知られている関数 (初等関数) で弧長パラメーター表示することは，一般に難しいです．一般のパラメーターで表示された曲線の曲率と捩率を計算する公式を導いておきましょう．

> **練習問題 3.4**　　　　　　　　　　　　　　　　　　　答えは 191 ページ
>
> 一般のパラメーター t で表示された空間曲線 $C(t)$ の曲率 $\kappa(t)$ と捩率 $\tau(t)$ は次の式で表されることを示せ．
>
> (1)　$\kappa(t) = \dfrac{\sqrt{\|\dot{C}(t)\|^2 \|\ddot{C}(t)\|^2 - (\dot{C}(t)\cdot\ddot{C}(t))^2}}{\|\dot{C}(t)\|^3}$
>
> 　　　　$= \dfrac{\|\dot{C}(t)\times\ddot{C}(t)\|}{\|\dot{C}(t)\|^3}$
>
> (2)　$\tau(t) = \dfrac{\det(\dot{C}(t),\ \ddot{C}(t),\ \dddot{C}(t))}{\|\dot{C}(t)\|^2 \|\ddot{C}(t)\|^2 - (\dot{C}(t)\cdot\ddot{C}(t))^2}$
>
> 　　　　$= \dfrac{\det(\dot{C}(t),\ \ddot{C}(t),\ \dddot{C}(t))}{\|\dot{C}(t)\times\ddot{C}(t)\|^2}$
>
> ただし，t についての微分は，s についての微分 $C'(s)$, $C''(s)$, $C'''(s)$ と区別するために，$\dot{C}(s)$, $\ddot{C}(t)$, $\dddot{C}(t)$ という記号を用いている．（ヒント：パラメーターの変換 $t = t(s)$ を使用せよ．)

学生：先生，『ねじれ』がよくわかりました．曲線は『曲がりぐあい』と『ねじれぐあい』の2つで決まるんですね．

先生：それともう一つ．『ダジャレぐあい』も重要だ．

学生：…．先生，よいお年を．メリークリスマス．

あいたくちがふさがらぬ
【あいた口が塞がらぬ】
あきれかえるさま，
あっけにとられるさまにいう．
　　　　　　　広辞苑第五版より

4. 麗しきフルネ–セレ
～ 曲線論の調和と秩序

「おや，また．あれは何の音楽じゃ？」
「私には何も聞こえませぬが．」
「聞こえぬ？ 天界の音楽じゃ．」

シェイクスピア「ペリクルーズ」
（シェイクスピア全集第3巻，筑摩書房）

研究室で本を読んでいると，学生が顔をのぞかせた．

学生：先生，空間曲線の続きを伺いたいのですが…．
先生：空間曲線は，美しいフルネ–セレの公式がすべてです．

4.1 フルネ–セレの公式

空間曲線で最も重要なものは，次のフルネ–セレの公式です．以下，空間曲線 $C(s)$ には，$C''(s) \neq 0$ が仮定されています．

> **フルネ–セレの公式**(**Frenet–Serret formula**)
> 空間曲線 $C(s)$ のムービング・フレーム $e_1(s), e_2(s), e_3(s)$ に対して,
> $$\frac{d}{ds}\begin{pmatrix}e_1(s)\\e_2(s)\\e_3(s)\end{pmatrix}=\begin{pmatrix}0 & \kappa(s) & 0\\-\kappa(s) & 0 & \tau(s)\\0 & -\tau(s) & 0\end{pmatrix}\begin{pmatrix}e_1(s)\\e_2(s)\\e_3(s)\end{pmatrix}$$
> すなわち
> $$\begin{cases}e_1'(s)=\kappa(s)e_2(s)\\e_2'(s)=-\kappa(s)e_1(s)+\tau(s)e_3(s)\\e_3'(s)=-\tau(s)e_2(s)\end{cases}$$
> である.

平面曲線の場合と同様に,フルネ–セレの公式は,

> ムービング・フレームの時間発展が
> 線形微分方程式で記述され,
> その係数行列が
> 曲率と捩率という
> 2つの幾何学的量を
> 成分にもつ交代行列である

という非常に美しい形をしている.

先生:フルネ–セレの公式は,曲線論の調和と秩序である.
学生:『天界の音楽』ですね.
先生:おいしいコーヒーは,この研究室の調和と秩序である.
学生:あ,なんか,優雅なメロディーが・・・.

天空の音楽

空間曲線 $C(s)$ から曲率 $\kappa(s)$ と捩率 $\tau(s)$ が定まりましたが,逆に,フルネ–セレの公式を微分方程式系とみて解くことにより,

任意の C∞ 級（非負値）関数 $\kappa(s)$ と任意の C∞ 級関数 $\tau(s)$ をそれぞれ，曲率と捩率にもつ空間曲線 $C(s)$ が，回転と平行移動の自由度を除いて一意的に存在する

ことが確かめられます．

先生：フルネ–セレの公式により，回転と平行移動を無視すれば，空間曲線は『曲率と捩率』に 1 対 1 に対応していること，すなわち，

$$\text{空間曲線 } C(s) \underset{1 \text{対} 1}{\overset{\text{回転と平行移動の自由度を除いて}}{\Longleftrightarrow}} \begin{array}{l} \text{曲率 } \kappa(s) \\ \text{捩率 } \tau(s) \end{array}$$

であることがわかる．

学生：平面曲線の場合と同様に，空間曲線は『曲率と捩率』にほかならない，と言って良いのですか？

先生：そのとおりだ．空間曲線の場合も，『曲率 $\kappa = \kappa(s)$ と捩率 $\tau = \tau(s)$』を，空間曲線を記述する方程式であると見なして，曲線の**自然方程式** (**natural equation**) と呼ぶこともある．

ここで，フルネ–セレの公式を使う練習をしてみましょう．計算問題なので，適度に手を動かす運動で，とてもヘルシーです．

練習問題 4.1　　　　　　　　　　　　　　　　　　　　　答えは 193 ページ

$C''(s) \neq 0$ を満たす空間曲線 $C(s)$ の曲率を $\kappa(s)$ とし，捩率を $\tau(s)$ とするとき，

$(*)$　　　$\det(C''(s), C'''(s), C''''(s)) = \kappa(s)^5 \dfrac{d}{ds}\left(\dfrac{\tau(s)}{\kappa(s)} \right)$

であることを示せ[1][2]

---

[1]　$C(s)$ の 4 階微分 $C''''(s)$ は ′ の数が多いので，$C^{(4)}$ と書くのがふつうかもしれませんが，ここでは，式の美的感覚から，$C''(s), C'''(s)$ と合わせるという意味で，$C''''(s)$ と書きました．

[2]　等式 $(*)$ の左辺の行列式を見ると，捩率の計算式で似たような形のもの

$$\tau(s) = \frac{1}{\|C''(s)\|^2} \det(C'(s), C''(s), C'''(s))$$

があったことを思い起こします．$\kappa(s) = \|C''(s)\|$ であることに注意すれば，この式は，

$(**)$　　　$\det(C'(s), C''(s), C'''(s)) = \kappa(s)^2 \tau(s)$

となります．$(*)$ と $(**)$ を比べてみてください．

4.2 空間曲線の局所的構造 —— ブーケの公式

フルネ–セレの公式を用いると，次のブーケの公式が得られます．

ブーケの公式（Bouquet's formula）

空間曲線 $C(s)$ に対して，以下の等式が成り立つ[3]．
$$C(s) = C(s_0) + (s-s_0)e_1(s_0) + \frac{1}{2!}(s-s_0)^2 \kappa(s_0)e_2(s_0)$$
$$+ \frac{1}{3!}(s-s_0)^3 \{-\kappa(s_0)^2 e_1(s_0) + \kappa'(s_0)e_2(s_0)$$
$$+ \kappa(s_0)\tau(s_0)e_3(s_0)\} + O((s-s_0)^4).$$

練習問題 4.2　　　　　　　　　　　　　　　　　答えは 194 ページ

「ブーケの公式」を示せ．

先生：平面曲線の場合は，

　　　　$e_1(s_0)$ の方向が接方向

　　　　$e_2(s_0)$ の方向に曲率 $\kappa(s_0)$

という局所的構造をもっていた．

学生：空間曲線の場合は，$e_3(s_0)$ の方向が加わって，捩率 $\tau(s_0)$ が現れていますね．

先生：ブーケの公式を，$e_1(s_0)$, $e_2(s_0)$, $e_3(s_0)$ について整理した形で書くと

---

[3] 19 ページでふれたように，O はランダウ（Landau）の記号で，$O((s-s_0)^4)$ は，4 次以上の項であること，すなわち，$O((s-s_0)^4)$ で表される項を $f(s)$ と表すと，s_0 の近くで $\|f(s)\| \leq C(s-s_0)^4$ （C は定数）を満たすことを示している．

$$C(s) = C(s_0) + \left\{(s-s_0) - \frac{1}{3!}(s-s_0)^3 \kappa(s_0)^2 + \cdots\right\} e_1(s_0)$$
$$+ \left\{\frac{1}{2!}(s-s_0)^2 \kappa(s_0) + \frac{1}{3!}(s-s_0)^3 \kappa'(s_0) + \cdots\right\} e_2(s_0)$$
$$+ \left\{\frac{1}{3!}(s-s_0)^3 \kappa(s_0)\tau(s_0) + \cdots\right\} e_3(s_0)$$

となる.

4.3 曲率と捩率の幾何学的意味

まずは,「曲率がゼロである」あるいは「捩率がゼロである」ということの意味をまとめておきましょう.

---
[1] 空間曲線 $C(s)$ の曲率 $\kappa(s)$ に関して,次の2つの条件 (a), (b) は同値である.
(a) 曲率 $\kappa(s) = 0$ (定数関数)
(b) 曲線 $C(s)$ は直線上にある.

---
[2] 空間曲線 $C(s)$ の捩率 $\tau(s)$ に関して,次の2つの条件 (a), (b) は同値である.
(a) 捩率 $\tau(s) = 0$ (定数関数)
(b) 曲線 $C(s)$ は平面上にある.

学生:上の2つの事実をみると

直線が曲がって平面曲線
さらにねじれて空間曲線

というわけですね.
先生:私も昨日,足をひねってしまって・・・.

> **練習問題 4.3**　　　　　　　　　　　　　　　　　答えは 195 ページ
>
> 上記の 2 つの事実 [1], [2] を示せ．

曲率 $\kappa(s)$ と捩率 $\tau(s)$ は，幾何学的には次のような特徴づけがあります．

> [3] 空間曲線 $C(s)$ の，点 $C(s_0)$ における接線に，点 $C(s_0+\varepsilon)$ から下ろした垂線の長さを $d(\varepsilon)$ とするとき
> $$\kappa(s_0) = 2\lim_{\varepsilon \to 0} \frac{d(\varepsilon)}{\varepsilon^2}$$
> である．

> [4] 空間曲線 $C(s)$ の，点 $C(s_0)$ における接触平面と，点 $C(s_0+\varepsilon)$ における接触平面のなす角度を $\varphi(\varepsilon)$ とするとき
> $$|\tau(s_0)| = \lim_{\varepsilon \to 0} \frac{\varphi(\varepsilon)}{|\varepsilon|}$$
> である．ただし，$C(s_0)$ における曲線 $C(s)$ の接触平面とは，点 $C(s_0)$ を通り $e_1(s_0)$ と $e_2(s_0)$ で定まる平面のことである．

> **練習問題 4.4**　　　　　　　　　　　　　　　　　答えは 195 ページ
>
> 上記の 2 つの事実 [3], [4] を示せ．

4.4 曲率円と曲率球

神は宇宙を丸く球の
形に創造される．
プラトン「ティマイオス」

先生：空間曲線に

2次の接触をする円を『曲率円』

3次の接触をする球を『曲率球』

という．

学生：『曲率円』って，平面曲線のところでも出てきましたね．

先生：同じものです．接点で，曲線と微分が，2階微分まで一致するような円のことです．

学生：それじゃ，『曲率球』というのは，3階微分まで・・・？

先生：接点で，微分が3階微分まで一致する『球面上の曲線』が存在するということです[4]．

学生：そのような球面は1つに定まるのですか？

先生：球の中心と半径を求めることができます．曲線 $C(s)$ の，点 $C(s_0)$ における曲率球の

中心は $C(s_0) + \dfrac{1}{\kappa(s_0)} e_2(s_0) + \dfrac{1}{\tau(s_0)} \dfrac{d}{ds}\left(\dfrac{1}{\kappa}\right)(s_0) e_3(s_0)$

半径は $\sqrt{\left\{\dfrac{1}{\kappa(s_0)}\right\}^2 + \left\{\dfrac{1}{\tau(s_0)} \dfrac{d}{ds}\left(\dfrac{1}{\kappa}\right)(s_0)\right\}^2}$

となります．

学生：曲率円の中心とは違うのですね？

先生：曲率円の

---

[4] 曲線 $C(s)$ と球 $\|x-a\|^2 = r^2$ が「3次の接触」をするというのは，
$$\|C(s)-a\|^2 = r^2 + O(|s-s_0|^4)$$
という条件と同値であることが確かめられます．

中心は $C(s_0) + \dfrac{1}{\kappa(s_0)} e_2(s_0)$

半径は $\dfrac{1}{\kappa(s_0)}$

です．これらを比較すればわかるように，曲率球の中心は，曲率円の中心から $e_3(s_0)$ 方向に少しずれたところにあります．

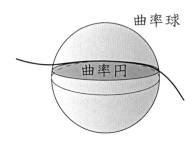

学生：先生!! 曲線論って，美しいですね．

先生：やはり，円や球が関係しているからな．昔から『丸いものには巻かれよ』と言うじゃないか．

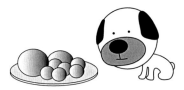

ながいものにはまかれよ
【長い物には巻かれよ】
目上の人や勢力のある人には
争うより従っているほうが得である
　　　　　　　　　　　広辞苑第5版

5. 2次元的に拡がったもの
〜 曲面

そのむこうの水底は群青の繊細な濃淡の色合いをなし，そして遠くのほうでは青くなって薄闇のなかに消えていくのだった．

ジュール・ヴェルヌ「海底二万里」（岩波書店）

散歩していると，後ろから学生の声が．
学生：先生，このあたり，丘のようになっていて，歩くと疲れますね．
先生：このゆるやかな坂は地図ではわからないんだ．
学生：地図は平面ですが，実際の地形は曲面ですからね[1]．
先生：そこで，微分幾何学の登場だ．

5.1 曲面とは？

曲面といって頭に浮かぶのは，たくさんあります．例えば、以下の3つは曲面です．

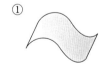

---

[1] 「地図には3つの属性がある．縮尺，図法，記号である．そして，それぞれに歪曲の原因がある．」（マーク・モンモニア「地図は嘘つきである」晶文社, 13ページ．)

①は単純な位相型をもつ曲面であり[2]，②は"とんがった点"，すなわち，微分幾何学的には特異点をもつ曲面です．③のような，より複雑な位相型をもつ曲面は，局所的には，①のような，単純な位相型をもつ曲面から成り立っていると考えられます[3]．

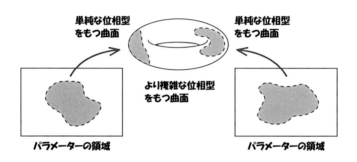

その意味で，より複雑な位相型の曲面（③のタイプ）を対象とする分野を曲面の**大域的理論**と呼ぶのに対し，単純な位相型の曲面（①のタイプ）を対象とする分野を曲面の**局所理論**と呼びます．これからあつかう曲面は局所理論としての曲面です．

曲線の場合，パラメーターで表示し，ムービング・フレームを定義することによって，フルネーセレの公式が得られました．曲面の場合も，まずパラメーターで表示し，曲線のムービング・フレームのように，曲面に沿った座標系を定義しましょう．

---

[2] ここでは，「単純な位相型」であるというのは，平面内の領域と同相であるという意味です．（感覚的に表現すると，"アイロンをかけると平面上に伸ばせる"という意味です．）このようなタイプの曲面は，曲面全体が1組のパラメーター (u, v) で表示できる，言いかえると，1つの座標で表示できるということにほかなりません．

[3] より複雑な位相型の曲面に，単純な位相型の曲面を貼り付けていくと，表面が覆われるということです．

5.2 曲面と接ベクトル，法ベクトル

> 我が幾何學の始原なる
> 一たび動けば線となり，
> 二たび動けば面となり[4]，
> 三たび動けば體となる．
>
> 秋山武太郎「幾何學つれづれ草」

上で述べたように，これからあつかう曲面は，2つのパラメーター u, v で
(1) $\qquad S(u, v) = (x(u, v), y(u, v), z(u, v)) \quad ((u, v) \in D)$
と曲面全体が表示されているものとします．$\mathbb{R}^2$ の領域 D は，パラメーター (u, v) が動く範囲を示しています．

例1（楕円面）$a, b, c > 0$ に対して
$$S(u, v) = (a\cos u \cos v, b\cos u \sin v, c\sin u)$$
$$\left(-\frac{\pi}{2} \leq u \leq \frac{\pi}{2}, \ 0 \leq v < 2\pi\right)$$
で表される曲面は**楕円面**（**ellipsoid**）と呼びます．陰関数の形で書くと，$\dfrac{x^2}{a^2} + \dfrac{y^2}{b^2} + \dfrac{z^2}{c^2} = 1$ となります．

---

[4] これと少し異なる内容で，
  点が動けば線になる
  線が動けば面になる
という表現がありますが，これについては，以下のジョークがあります．
先生：点が動けば線になります．
学生：はい．
先生：では，線が動けば何になりますか？
学生：えーっと，**太い線**．

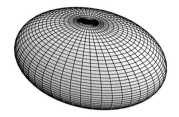

例2（楕円放物面）

$a, b > 0$ に対して
$$S(u, v) = (au, bv, u^2 + v^2) \quad (u, v \in \mathbb{R})$$
で表される曲面は**楕円放物面**（**elliptic paraboloid**）と呼びます．陰関数の形で書くと，$z = \dfrac{x^2}{a^2} + \dfrac{y^2}{b^2}$ となります．

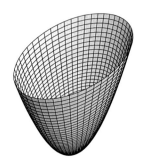

(1)のように曲面をパラメーターで表示しておくと
$$\frac{\partial S}{\partial u}(u_0, v_0) = \left(\frac{\partial x}{\partial u}(u_0, v_0),\ \frac{\partial y}{\partial u}(u_0, v_0),\ \frac{\partial z}{\partial u}(u_0, v_0) \right)$$
$$\frac{\partial S}{\partial v}(u_0, v_0) = \left(\frac{\partial x}{\partial v}(u_0, v_0),\ \frac{\partial y}{\partial v}(u_0, v_0),\ \frac{\partial z}{\partial v}(u_0, v_0) \right)$$
は，点 $S(u_0, v_0)$ において曲面に接するベクトルになります．一般に，曲面に接するベクトルを**接ベクトル**（**tangent vector**）と呼びます．

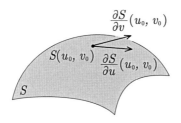

練習問題 5.1
答えは 197 ページ

例 1 および例 2 の曲面の各点での接ベクトル $\dfrac{\partial S}{\partial u}(u_0, v_0)$, $\dfrac{\partial S}{\partial v}(u_0, v_0)$ を求めよ．

曲面であること，すなわち，2次元的に拡がっているということは，この2つの接ベクトルが独立な方向を向いている，すなわち，

(2) 　　任意の $(u_0, v_0) \in D$ に対して
　　　　ベクトル $\dfrac{\partial S}{\partial u}(u_0, v_0)$ と $\dfrac{\partial S}{\partial v}(u_0, v_0)$ は線形独立である

ということを仮定します．この条件 (2) を曲面の**正則性**の条件と呼びます[5]．パラメーターのとり方が悪いと，この条件 (2) が満たされないことがあります．また，曲面でなくなる点 (**特異点**) では，条件 (2) が満たされないことになります．

例 3 (特異点をもつ曲面)．　曲面
$$S(u, v) = (u^2 \cos v,\ u^2 \sin v,\ u^3)$$
$$(u \in \mathbb{R},\ 0 \leqq v < 2\pi)$$
は，

---

[5] これは，S を写像と見たとき，写像 S が**はめ込み** (immersion) になっているということにほかなりません．ここで，写像 f がはめ込みであるとは，微分写像 df が各点で単射であること，言いかえると，ヤコビ行列を線形写像と見たとき単射であることをいいます．

$$\frac{\partial S}{\partial u}(u_0,\ v_0) = (2u_0\cos v_0,\ 2u_0\sin v_0,\ 3u_0^2)$$

$$\frac{\partial S}{\partial v}(u_0,\ v_0) = (-u_0^2\sin v_0,\ u_0^2\cos v_0,\ 0)$$

であるから，$u_0 = 0$ のとき $\frac{\partial S}{\partial u}(0,\ v_0) = \frac{\partial S}{\partial v}(0,\ v_0) = 0$ となり，曲面 $S(u,\ v)$ は $(u_0,\ v_0) = (0,\ v_0)$ において正則性の条件を満たさないことになります．$S(0,\ v_0) = (0,\ 0,\ 0)$ ですから，原点で特異点になっています．

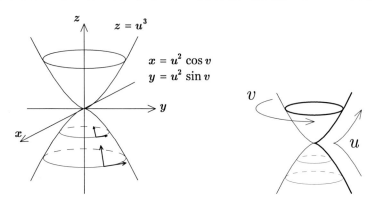

正則性の条件(2)は，ベクトルの外積を用いると

　　　任意の $(u_0,\ v_0) \in D$ に対して

　　$\frac{\partial S}{\partial u}(u_0,\ v_0) \times \frac{\partial S}{\partial v}(u_0,\ v_0) \neq 0$ である [6]

と表すことができます．

　正則性の条件(2)が成り立つとき，$S(u_0,\ v_0)$ を始点とする2つの接ベクトル $\frac{\partial S}{\partial u}(u_0,\ v_0)$, $\frac{\partial S}{\partial v}(u_0,\ v_0)$ で生成される平面

$$\mathrm{T}_{(u_0,v_0)}S = \mathbb{R}\,\frac{\partial S}{\partial u}(u_0,\ v_0) \oplus \mathbb{R}\,\frac{\partial S}{\partial v}(u_0,\ v_0)$$

$$= \left\{ a\,\frac{\partial S}{\partial u}(u_0,\ v_0) + b\,\frac{\partial S}{\partial v}(u_0,\ v_0) \,\middle|\, a,\ b \in \mathbb{R} \right\}$$

は，曲面に接する平面（**接平面**）になります．

---

[6] 右辺の0はゼロベクトルです．

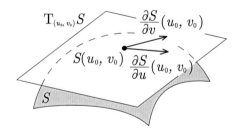

　この接平面 $T_{(u_0,v_0)}S$ に直交するベクトル $n(u_0, v_0)$ を考えます．一般に，曲面の接平面に直交するベクトルを**法ベクトル (normal vector)** と呼びます．法ベクトル $n(u_0, v_0)$ のとり方には定数倍の自由度があるので，次のように定義します．

$$n(u_0, v_0) = \frac{\frac{\partial S}{\partial u}(u_0, v_0) \times \frac{\partial S}{\partial v}(u_0, v_0)}{\left\| \frac{\partial S}{\partial u}(u_0, v_0) \times \frac{\partial S}{\partial v}(u_0, v_0) \right\|}$$

先生：外積の定義から，ベクトル $\frac{\partial S}{\partial u}(u_0, v_0) \times \frac{\partial S}{\partial v}(u_0, v_0)$ は，接平面と直交している．

学生：外積の幾何学的性質ですね．$a \times b$ は，ベクトル a とベクトル b に直交して，しかも，$a, b, a \times b$ の順に右手系をなすように定めたものですね．

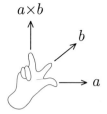

先生：ベクトル $\frac{\partial S}{\partial u}(u_0, v_0) \times \frac{\partial S}{\partial v}(u_0, v_0)$ の大きさは 1 でないので，1 になるように，そのノルムで割って得られたのが $n(u_0, v_0)$ だ．

　ベクトル $n(u_0, v_0)$ は長さが 1 の法ベクトルという意味で，**単位法ベ**

クトル (unit normal vector) と呼びます[7]．右手系をなす 3 つのベクトル $\frac{\partial S}{\partial u}(u_0, v_0)$, $\frac{\partial S}{\partial v}(u_0, v_0)$, $n(u_0, v_0)$ は，各点 $S(u_0, v_0)$ において $\mathbb{R}^3$ の基底になっています．

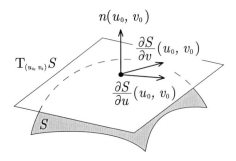

これらのベクトルが，曲線のムービング・フレームに相当するものです．これを用いて，次回以降，曲面の（局所的）構造を調べていきます．今回は，この法ベクトル $n(u, v)$ によりガウス写像を定義し，また，曲面の等温パラメーターと面積についてふれておきましょう．その前に練習問題を一つ．

練習問題 5.2　答えは 198 ページ

例 1 および例 2 の曲面が正則性の条件を満たすかどうかを確かめ，それらの曲面の各点での単位法ベクトル $n(u_0, v_0)$ を求めよ．

---

[7] 曲面の単位法ベクトルは各点で 2 つありますが，上で述べたように，ベクトル $n(u_0, v_0)$ は，3 つのベクトル $\frac{\partial S}{\partial u}(u_0, v_0)$, $\frac{\partial S}{\partial v}(u_0, v_0)$, $n(u_0, v_0)$ がこの順に右手系になる方を採用しています．

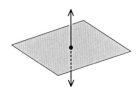

5.3 ガウス写像

パラメーター領域 D の点 (u, v) に対して,"法ベクトル $n(u, v)$ の始点を原点にもってきたベクトル $\hat{n}(u, v)$ を対応させる写像を**ガウス写像**(**Gauss map**) と呼びます.法ベクトル $n(u, v)$ は単位ベクトルですから,始点を原点とすると,終点は2次元単位球面 $\mathrm{S}^2 = \{(x, y, z) \in \mathbb{R}^3 \mid x^2+y^2+z^2=1\}$ 上の点となります[8].したがって,ガウス写像は,D から S^2 への写像と見なせます.

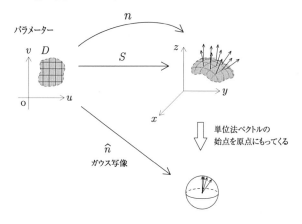

ガウス写像を見ると,曲面の曲がりぐあいがよくわかります.

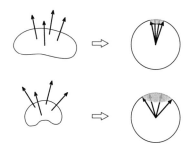

---

[8] n 次元球面 (sphere) は記号 S^n で表すのが標準的ですが,曲面の記号 S と混同しないでください.曲面の S はイタリック体 (斜体) の S であり,球面のSはローマン体 (立体) のSです.

5.4 等温パラメーター

曲線 $C(s)$ に対して,接ベクトル $C'(s)$ を $\|C'(s)\|=1$ と正規化するパラメーターを弧長パラメーターと呼びました.曲面の場合も,接ベクトル $\dfrac{\partial S}{\partial u}$, $\dfrac{\partial S}{\partial v}$ を

$$\left\|\frac{\partial S}{\partial u}(u_0,\ v_0)\right\|=\left\|\frac{\partial S}{\partial v}(u_0,\ v_0)\right\|$$

$$\frac{\partial S}{\partial u}(u_0,\ v_0)\cdot\frac{\partial S}{\partial v}(u_0,\ v_0)=0$$

と正規化するパラメーターがあり,これを**等温パラメーター** (isothermal parameter) と呼びます. $\dfrac{\partial S}{\partial u}(u_0,v_0)$, $\dfrac{\partial S}{\partial v}(u_0,v_0)$, $n(u_0,v_0)$ は一般には正規直交基底ではありませんが,等温パラメーターをとると,$\left\|\dfrac{\partial S}{\partial u}(u_0,\ v_0)\right\|=\left\|\dfrac{\partial S}{\partial v}(u_0,\ v_0)\right\|$ を満たす直交基底になります.

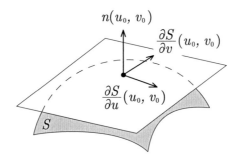

先生:曲面論はふつう,等温パラメーターでなくて,一般のパラメーターで議論することが多い.

学生:どうしてですか?

先生:これまでの

  曲線の場合の弧長パラメーターにしても,

  曲面の場合の等温パラメーターにしても

具体的な曲線・曲面に対して,よく知られている関数(初等関数)を用い

て，そのようなパラメーターで表示することは，一般には難しい．そうすると，一般のパラメーター表示に対処しておく必要がある．

学生：それなら，なぜ，曲線の場合は，弧長パラメーターを用いるのですか？

先生：曲線の場合は，フルネ–セレの公式は美しいし，曲面の場合に比べて状況が複雑でないし，一般のパラメーターに対する公式といっても，必要なのは曲率と捩率の計算公式ぐらいだからね．

「等温パラメーターって知っていますか？」と聞くと「知りません」と異口同音に答えた．
_{とうおん}

> いくどうおん【異口同音】
> 多くの人が口をそろえて
> 同じことを言うこと．
> 多くの人の説が一致すること．
>
> 広辞苑第5版

5.5 曲面の面積

最後に曲面の面積についてふれておきましょう．パラメーター表示された曲面 $S(u, v)$ に対して，曲面の面積は，パラメーターの積分として次のように書けます．

曲面の面積　曲面 $S(u, v)$ に対して，パラメーター (u, v) が領域 D を動くとき，

(3) 曲面 S の面積 $= \iint_D \left\| \dfrac{\partial S}{\partial u}(u, v) \times \dfrac{\partial S}{\partial v}(u, v) \right\| du dv$

である[9]．

---

[9] もちろん，曲面の面積が定義されるのは，「右辺の積分が確定するとき」という条件のもとです．

先生：パラメーター表示された曲面 $S(u, v)$ は，パラメーターの領域 D から $\mathbb{R}^3$ への写像と見なせる．

学生：えーっと．

先生：曲面の面積というのは，この写像 S の像 $S(D)$ の面積だ．

学生：像の面積って，どうやって求めるのですか？

先生：D 内の微小領域上で，写像 S を線形写像で近似します．

曲面 $S: D \longrightarrow \mathbb{R}^3$ の定義域 D を下図のように小さな長方形に分割し，そのような長方形の 1 つを ΔD で表すことにします．また，この長方形 ΔD の横と縦の長さをそれぞれ Δu, Δv と書くことにします．

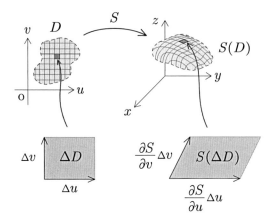

学生：写像 S を1次近似（線形近似）することにより，長方形 ΔD の S による像 $S(\Delta D)$ を，2 つのベクトル $\frac{\partial S}{\partial u} \Delta u$ と $\frac{\partial S}{\partial v} \Delta v$ で作られる平行四辺形で近似しているわけですね．

先生：ベクトルの外積を用いると，

$$S(\Delta D) \text{の面積} \fallingdotseq \left\| \frac{\partial S}{\partial u} \Delta u \times \frac{\partial S}{\partial v} \Delta v \right\|$$

$$= \left\| \frac{\partial S}{\partial u} \times \frac{\partial S}{\partial v} \right\| \Delta u \Delta v$$

となる[10][11].

学生：外積の幾何学的性質ですね．$\|a \times b\|$ は，ベクトル a とベクトル b で作られる平行四辺形の面積に等しいという・・・．

先生：曲面 S の面積，すなわち，S の像 $S(D)$ の面積はこのような微小領域 $S(\Delta D)$ の面積を寄せ集めたものであるから，

$$S(D)\text{の面積} \fallingdotseq \sum_{\Delta D} \left\| \frac{\partial S}{\partial u} \times \frac{\partial S}{\partial v} \right\| \Delta u \Delta v$$

となる．

学生：あとは，分割を細かくして，Δu と Δv を 0 に近づけたときの極限をとって

$$S(D)\text{の面積} = \lim_{\text{分割の幅}\to 0} \sum_{\Delta D} \left\| \frac{\partial S}{\partial u} \times \frac{\partial S}{\partial v} \right\| \Delta u \Delta v$$

$$= \iint_D \left\| \frac{\partial S}{\partial u} \times \frac{\partial S}{\partial v} \right\| du dv$$

とすれば良いんですね．

先生：それは面目躍如だね．

> めんぼくやくじょ【面目躍如】
> 大いに面目をほどこすこと．
> いかにもその人らしい特徴が表れ，
> 世間の評価が高まるさま．
>
> 広辞苑第五版

---

[10] $\frac{\partial S}{\partial u}$ はベクトルで，Δu はスカラーです．ベクトルの通常の表記法にしたがって書けば，$\frac{\partial S}{\partial u} \Delta u$ は $\Delta u \frac{\partial S}{\partial u}$ となります．$\frac{\partial S}{\partial v} \Delta v$ についても同様です．

外積の性質により，スカラー倍 $\Delta u \Delta v$ が出て，

$$\frac{\partial S}{\partial u} \Delta u \times \frac{\partial S}{\partial v} \Delta v = \left(\frac{\partial S}{\partial u} \times \frac{\partial S}{\partial v} \right) \Delta u \Delta v$$

となり，この両辺のノルムをとると

$$\left\| \frac{\partial S}{\partial u} \Delta u \times \frac{\partial S}{\partial v} \Delta v \right\| = \left\| \frac{\partial S}{\partial u} \times \frac{\partial S}{\partial v} \right\| \Delta u \Delta v$$

となります．どれがベクトルで，どれがスカラーかを注意しておく必要があります．

[11] ここで用いられた $\fallingdotseq$ という記号は，「ほとんど等しい」という意味の，非常に便利な，そして，とても怪しい記号です．"$\fallingdotseq$" を使わずに表現すると，

$$\left\| \frac{\partial S}{\partial u} \times \frac{\partial S}{\partial v} \right\| du dv \text{ が面積要素である}$$

ということです．

最後に一つ,練習問題を.

> **練習問題 5.3**　　　　　　　　　　　　答えは 199 ページ
>
> 例 1 の楕円面において,$a=b=c=r$ とおくと,半径 r の球面を表している.このとき,この球面の面積を (3) を用いて計算せよ.

学生：曲面の話も,おもしろい局面にさしかかってきましたね.
先生：そのうちに,重要な局面に直面することになる.
学生：曲面だけに得意満面ですね.
先生："面"しか合っとらんじゃないか.
学生：ごめんなさい.

おやじギャグ連続攻撃

「曲面」とは？

6. 曲面の礎(いしずえ)
～ 曲面の基本量

めえ　めえ　めんようさん
　ようもう　あるの？
　あるとも　あるとも
　　ふくろに　みっつ
ごしゅじんさまに　ひとふくろ
おくがたさまに　ひとふくろ
もうひとふくろは　こみちのおくの
ひとりぼっちの　ぼうやのためさ[1]

「よりぬきマザーグース」（岩波書店）

公園のベンチに座って，ふと見上げると，塀(へい)の上に学生が座っている．

学生：先生，こんにちは．
先生：何をしているの？
学生：景色がよく見えるんですよ．地球って丸かったんですね．
先生：丸い？半径はどのくらい？
学生：えーっと，

---

[1] Baa, baa, black sheep,
　Have you any wool?
　Yes, sir, yes, sir,
　Three bags full;
　One for the master,
　And one for the dame,
　And one for the little boy
　Who lives down the lane
　　　　"Mother goose"

なんと表現したらいいか
わからないくらいの
ものすごく大きい半径

です．

> 要するに数学的認識が量のみに関係する
> ということの原因をなすものが，
> 取りも直さず数学的認識の形式に
> ほかならないのである．
> 　　　　　カント「純粋理性批判」(岩波書店)

前回，曲面とは，(u, v) がパラメーター領域 D を動くとき
$$S(u, v) = (x(u, v), y(u, v), z(u, v))$$
と表され，曲面の正則性の条件

　　任意の $(u_0, v_0) \in D$ に対して

　　接ベクトル $\dfrac{\partial S}{\partial u}(u_0, v_0)$ と $\dfrac{\partial S}{\partial v}(u_0, v_0)$

　　は線形独立である

を満たすものであった．このような曲面に対して，曲面の基本量を定義しよう．

6.1 第1基本量

曲面 $S(u, v)$ の1階微分から作られる量である第1基本量を定義し，

曲面の面積を第1基本量を用いて表しておこう．

> **曲面の第1基本量** 曲面 $S(u, v)$ に対して，
> $$E(u, v) = \frac{\partial S}{\partial u}(u, v) \cdot \frac{\partial S}{\partial u}(u, v) = \left\|\frac{\partial S}{\partial u}(u, v)\right\|^2$$
> $$F(u, v) = \frac{\partial S}{\partial u}(u, v) \cdot \frac{\partial S}{\partial v}(u, v)$$
> $$G(u, v) = \frac{\partial S}{\partial v}(u, v) \cdot \frac{\partial S}{\partial v}(u, v) = \left\|\frac{\partial S}{\partial v}(u, v)\right\|^2$$
> とおいて，曲面 $S(u, v)$ の**第1基本量 (first fundamental quantity)** と呼ぶ．さらに，形式的に
> $$\mathrm{I} = Edu^2 + 2Fdudv + Gdv^2$$
> とおいて，曲面 $S(u, v)$ の**第1基本形式 (first fundamental form)** と呼ぶ．

先生：接ベクトル $\frac{\partial S}{\partial u}(u, v)$, $\frac{\partial S}{\partial v}(u, v)$ はベクトルなので，それら2つのベクトルからスカラー量を作りたい．

学生：それで，それらのベクトルの内積をとるわけですね．ただ，第1基本量 E, F, G は u, v によって，値が変化しますよね．

先生：その通りだ．『第1基本量』といっても，u と v を決めると値が定まるので，u と v の関数だ．

それでは練習問題を一つやってみましょう．

> **練習問題 6.1** 答えは 200 ページ
>
> 前回の講座でふれた，以下の 2 つの曲面の第 1 基本量を求めよ．ただし，a, b, r は正の実数とする．
> (1) 球面 (楕円面の特別な場合)
> $$S(u, v) = (r\cos u \cos v,\ r\cos u \sin v,\ r\sin u)$$
> $$\left(-\frac{\pi}{2} \leqq u \leqq \frac{\pi}{2},\ 0 \leqq v < 2\pi\right)$$
> (2) 楕円放物面 $S(u, v) = (au,\ bv,\ u^2 + v^2)\quad (u, v \in \mathbb{R})$

第 1 基本形式 I は，S の微分
$$dS = \frac{\partial S}{\partial u} du + \frac{\partial S}{\partial v} dv$$
を用いると，形式的に，
$$\mathrm{I} = dS \cdot dS$$
と書けます．実際，
$$dS \cdot dS = \left(\frac{\partial S}{\partial u} du + \frac{\partial S}{\partial v} dv\right) \cdot \left(\frac{\partial S}{\partial u} du + \frac{\partial S}{\partial v} dv\right)$$
$$= \frac{\partial S}{\partial u} \cdot \frac{\partial S}{\partial u} du^2 + 2\frac{\partial S}{\partial u} \cdot \frac{\partial S}{\partial v} du dv + \frac{\partial S}{\partial v} \cdot \frac{\partial S}{\partial v} dv^2$$
$$= E du^2 + 2F du dv + G dv^2$$
となります[2]．

第 1 基本量から構成された行列を
$$\mathcal{G} = \begin{pmatrix} E & F \\ F & G \end{pmatrix}$$
とおきます．行列 $\mathcal{G}$ の行列式は

---

[2] $\frac{\partial S}{\partial u}$ はベクトルで，du は "スカラー" であると見て計算しています．ベクトルとスカラーの標準的な表記でいうと $\frac{\partial S}{\partial u} du$ は $du \frac{\partial S}{\partial u}$ と書いた方が良いかもしれません．

$$\det \mathcal{G} = EG - F^2$$
$$= \left\|\frac{\partial S}{\partial u}\right\|^2 \left\|\frac{\partial S}{\partial v}\right\|^2 - \left(\frac{\partial S}{\partial u} \cdot \frac{\partial S}{\partial v}\right)^2$$
$$\overset{\text{ベクトルの外積の一般的性質}}{=} \left\|\frac{\partial S}{\partial u} \times \frac{\partial S}{\partial v}\right\|^2$$
$$\geqq 0$$

となります[3]. さらに,「接ベクトル $\frac{\partial S}{\partial u}$ と $\frac{\partial S}{\partial v}$ が線形独立である」という「曲面の条件」より $\det \mathcal{G} \neq 0$, したがって, $\det \mathcal{G} > 0$ が得られます. さらに, 定義から $E, G > 0$ であることを考慮すると, 行列 $\mathcal{G}$ は正定値である, すなわち,

ゼロベクトルでない任意のベクトル
$$w = (a, b) \text{ に対して, } w \mathcal{G} \,{}^t w > 0$$

となることがわかります. ここで, ${}^t w$ は w の転置, すなわち, ${}^t w = \begin{pmatrix} a \\ b \end{pmatrix}$ です.

第1基本量から構成された行列 $\mathcal{G} = \begin{pmatrix} E & F \\ F & G \end{pmatrix}$ を用いると, 第1基本形式は
$$\mathrm{I} = (du, dv) \begin{pmatrix} E & F \\ F & G \end{pmatrix} \begin{pmatrix} du \\ dv \end{pmatrix} = \sigma \mathcal{G} \,{}^t \sigma$$

と書けます. ただし, $\sigma = (du, dv)$ とします. 行列 $\mathcal{G}$ が正定値であることから, 第1基本形式は正値になります.

先生:第1基本量は曲面の "内在的" (intrinsic) 性質をあらわす量だ.
学生:"内在的"?
先生:"曲面の接ベクトルの情報で決まる" という意味だ. 接ベクトルは曲面自身から定まるのに対し, 法ベクトルは曲面の外側の空間がないと意味がない.
学生:外側の空間?

---

[3] 161ページの「ベクトルの外積」の「外積の基本的性質」の(4)を参照してください.

先生：例えば，単に『曲面』というと，抽象的にイメージする『曲面』のことだが，『空間内の曲面』というと，空間の中にどのように存在しているかが情報として必要になってくる．

学生："接ベクトルの情報で決まるもの"ということは，**第1基本量で表現できるものは"内在的"である**ということですね．

先生：そのとおりだ．例えば，

曲面の面積

$$= \iint_D \left\| \frac{\partial S}{\partial u}(u,v) \times \frac{\partial S}{\partial v}(u,v) \right\| dudv$$

$$= \iint_D \sqrt{\left\| \frac{\partial S}{\partial u}(u,v) \right\|^2 \left\| \frac{\partial S}{\partial v}(u,v) \right\|^2 - \left(\frac{\partial S}{\partial u}(u,v) \cdot \frac{\partial S}{\partial v}(u,v) \right)^2} \, dudv$$

$$= \iint_D \sqrt{EG - F^2} \, dudv$$

$$= \iint_D \sqrt{\det \begin{pmatrix} E & F \\ F & G \end{pmatrix}} \, dudv$$

となり，曲面の面積は第1基本量で決まるから，内在的量である[4]．

練習問題をもう一つやってみましょう．

練習問題 6.2　　　　　　　　　　　　　　　　　　　　　　答えは 200 ページ

関数 $z = f(x, y)$ のグラフを，x，y をパラメーターとした曲面 $S(x, y)$ と見たときの第1基本量を計算せよ．

---

[4] 計量 (metric) という言葉を用いると，曲面 $S: D \to \mathbb{R}^3$ に対して，$\mathbb{R}^3$ の標準的な計量を S で引き戻した計量(を行列で表現したもの)が

$$\begin{pmatrix} E & F \\ F & G \end{pmatrix}$$

であり，その引き戻した計量から定まる面積要素が

$$\sqrt{EG - F^2} \, dudv$$

ということにほかなりません．このとき，ここで「内在的」と言っているのは，「(引き戻した)計量のみで記述できる」という意味となります．

6.2　第 2 基本量

第 1 基本量というのは，曲面 $S(u, v)$ の 1 階微分から作られる量でしたが，ここでは，S の 2 階微分から得られる量である第 2 基本量を定義します．

曲面の第 2 基本量　曲面 $S(u, v)$ に対して，
$$L(u, v) = \frac{\partial^2 S}{\partial u^2}(u, v) \cdot n(u, v)$$
$$M(u, v) = \frac{\partial^2 S}{\partial u \partial v}(u, v) \cdot n(u, v)$$
$$N(u, v) = \frac{\partial^2 S}{\partial v^2}(u, v) \cdot n(u, v)$$
とおいて [5]，曲面 $S(u, v)$ の**第 2 基本量** (second fundamental quantity) と呼ぶ．ここで，$n(u, v)$ は曲面 $S(u, v)$ の単位法ベクトルである [6]．さらに形式的に，
$$\mathrm{II} = L du^2 + 2M du dv + N dv^2$$
とおいて，曲面 $S(u, v)$ の**第 2 基本形式** (second fundamental form) と呼ぶ．

第 2 基本量は次のように書くこともできます：

---

[5] 基本量 $M(u, v)$ に関しては，$S(u, v)$ は C^∞ 級なので，偏微分の順序が交換できる，すなわち，
$$\frac{\partial^2 S}{\partial u \partial v}(u, v) = \frac{\partial^2 S}{\partial v \partial u}(u, v)$$
が成り立つことに注意してください．

[6] 単位法ベクトル $n(u, v)$ は，前回定義した単位法ベクトル
$$n(u, v) = \frac{\frac{\partial S}{\partial u}(u, v) \times \frac{\partial S}{\partial v}(u, v)}{\left\| \frac{\partial S}{\partial u}(u, v) \times \frac{\partial S}{\partial v}(u, v) \right\|}$$
のことです．

6. 曲面の礎 〜曲面の基本量

$$L(u, v) = -\frac{\partial S}{\partial u}(u, v) \cdot \frac{\partial n}{\partial u}(u, v)$$

$$M(u, v) = -\frac{\partial S}{\partial u}(u, v) \cdot \frac{\partial n}{\partial v}(u, v)$$

$$= -\frac{\partial S}{\partial v}(u, v) \cdot \frac{\partial n}{\partial u}(u, v)$$

$$N(u, v) = -\frac{\partial S}{\partial v}(u, v) \cdot \frac{\partial n}{\partial v}(u, v).$$

実際,これらの等式は,接ベクトル $\frac{\partial S}{\partial u}(u, v)$, $\frac{\partial S}{\partial v}(u, v)$ が法ベクトル $n(u, v)$ に直交していることを表す等式

$$\frac{\partial S}{\partial u}(u, v) \cdot n(u, v) = 0$$

$$\frac{\partial S}{\partial v}(u, v) \cdot n(u, v) = 0$$

の両辺を u, v それぞれで偏微分した式から得られます.

それでは,ここで第2基本量の練習問題をやってみましょう.

練習問題 6.3 （答えは201ページ）

練習問題6.1で計算した「球面」と「楕円放物面」の第2基本量を求めよ.

先生：第1基本量と第2基本量を比較してみればわかるように,

『第1基本量』は『曲面の1階微分の情報』

『第2基本量』は『曲面の2階微分の情報』

となっている.

学生：第1基本量は曲面の1階微分である2つの接ベクトル

$$\frac{\partial S}{\partial u}, \frac{\partial S}{\partial v}$$

から内積を用いて作った量であるのに対し，第2基本量は曲面の2階微分

$$\frac{\partial^2 S}{\partial u^2}, \frac{\partial^2 S}{\partial u \partial v}, \frac{\partial^2 S}{\partial v^2}$$

と法ベクトル n との内積を用いて作った量ですよね．

先生：その通りだ．

学生：なぜ，法ベクトル n との内積をとるんですか？

先生：曲線の場合を思い出してみるとわかるが，曲線は弧長パラメーターで表示しておくと，

   1階微分は接方向 (接ベクトルの方向)
   2階微分は法方向 (接ベクトルに直交する方向)

であった．

学生：曲面の場合も同じなのですか？

先生：2つのパラメーターの一つを固定して，もう一方のパラメーターを動かせば曲線になるからね．ただ，パラメーターは弧長パラメーターのように正規化されていないので，2階微分には接方向の"余分な成分"が加わっている．

学生：接方向の成分って，曲線のパラメーターによる"余分な速度"の成分ですね[7]．

先生：その"余分な成分"を除くために，単位法ベクトル n との内積をとって，法方向の成分を抽出するわけだ．

学生：良い方向(ほうこう)，いや，良い芳香(ほうこう)の成分を取り出せば，あとは，おいしいコーヒーが出てくるのを待つだけですね．

---

[7] 弧長パラメーター s の場合は $\|C'(s)\| = 1$，すなわち，曲線の"速度"は1であり，一般のパラメーター t ではそれからずれた分だけ，余分な成分が出てくる．

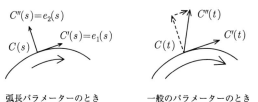

弧長パラメーターのとき   一般のパラメーターのとき

6. 曲面の礎 〜曲面の基本量

第2基本量から構成された行列を

$$\mathcal{H} = \begin{pmatrix} L & M \\ M & N \end{pmatrix}$$

とおきます．このとき，第2基本形式 II は，S と n の微分

$$dS = \frac{\partial S}{\partial u} du + \frac{\partial S}{\partial v} dv$$

$$dn = \frac{\partial n}{\partial u} du + \frac{\partial n}{\partial v} dv$$

を用いると，形式的に，

$$\text{II} = -dS \cdot dn$$

と書けます．実際，

$$-dS \cdot dn = -\left(\frac{\partial S}{\partial u} du + \frac{\partial S}{\partial v} dv\right) \cdot \left(\frac{\partial n}{\partial u} du + \frac{\partial n}{\partial v} dv\right)$$

$$= -\frac{\partial S}{\partial u} \cdot \frac{\partial n}{\partial u} du^2 - \frac{\partial S}{\partial u} \cdot \frac{\partial n}{\partial v} du dv$$

$$\quad - \frac{\partial S}{\partial v} \cdot \frac{\partial n}{\partial u} du dv - \frac{\partial S}{\partial v} \cdot \frac{\partial n}{\partial v} dv^2$$

$$= L du^2 + 2M du dv + N dv^2$$

となります．

第2基本量から構成された行列

$$\mathcal{H} = \begin{pmatrix} L & M \\ M & N \end{pmatrix}$$

を用いると，第2基本形式は

$$\text{II} = (du, \ dv) \begin{pmatrix} L & M \\ M & N \end{pmatrix} \begin{pmatrix} du \\ dv \end{pmatrix} = \sigma \mathcal{H} {}^t\sigma$$

と書けます．ただし，$\sigma = (du, dv)$ とします．

練習問題 6.2 の曲面について，第 2 基本量も計算しておきましょう．

> **練習問題 6.4**　　　　　　　　　　　　　　答えは 202 ページ
>
> 関数 $z = f(x, y)$ のグラフを x, y をパラメーターとした曲面 $S(x, y)$ と見たときの第 2 基本量を計算せよ．

先生：曲面の第 1 基本量と第 2 基本量という 2 つの量が曲面を規定しているわけだ．それじゃ，今回の話はこの辺で…．

学生：待ってください，先生，あっ．

　　ハンプティ・ダンプティ　へいにすわった
　　ハンプティ・ダンプティ　ころがりおちた
　　おうさまのおうまをみんな　あつめても
　　おうさまのけらいをみんな　あつめても
　　ハンプティを　もとにもどせない[8]
　　　　　「よりぬきマザーグース」（岩波書店）

6.3　第 3 基本量

先生：曲面の第 3 基本量についてもふれておきましょう．

学生：第 3 基本量ってあるんですか？

先生：あまり使われないけどね．

---

[8]　　Humpty Dumpty sat on a wall,
　　　Humpty Dumpty had a great fall.
　　　All the king's horses,
　　　And all the king's men,
　　　Couldn't put Humpty together again.
　　　　　　"Mother goose"

第 3 基本量の標準的な記号は定まっていないので，ここでは，P, Q, R という記号を用いることにします．

> **曲面の第 3 基本量**　曲面 $S(u, v)$ に対して
> $$P(u, v) = \frac{\partial n}{\partial u}(u, v) \cdot \frac{\partial n}{\partial u}(u, v) = \left\| \frac{\partial n}{\partial u}(u, v) \right\|^2$$
> $$Q(u, v) = \frac{\partial n}{\partial u}(u, v) \cdot \frac{\partial n}{\partial v}(u, v)$$
> $$R(u, v) = \frac{\partial n}{\partial v}(u, v) \cdot \frac{\partial n}{\partial v}(u, v) = \left\| \frac{\partial n}{\partial v}(u, v) \right\|^2$$
> とおいて，曲面 $S(u, v)$ の**第 3 基本量 (third fundamental quantity)** と呼ぶ．ここで，$n(u, v)$ は曲面 $S(u, v)$ の単位法ベクトルである．さらに形式的に，
> $$\mathrm{III} = P du^2 + 2Q du dv + R dv^2$$
> とおいて，曲面 $S(u, v)$ の**第 3 基本形式 (third fundamental form)** と呼ぶ．

第 3 基本形式 III は，n の微分
$$dn = \frac{\partial n}{\partial u} du + \frac{\partial n}{\partial v} dv$$
を用いると，形式的に，
$$\mathrm{III} = dn \cdot dn$$
と書けます．実際，
$$dn \cdot dn = \left(\frac{\partial n}{\partial u} du + \frac{\partial n}{\partial v} dv \right) \cdot \left(\frac{\partial n}{\partial u} du + \frac{\partial n}{\partial v} dv \right)$$
$$= \frac{\partial n}{\partial u} \cdot \frac{\partial n}{\partial u} du^2 + \frac{\partial n}{\partial u} \cdot \frac{\partial n}{\partial v} du dv$$
$$+ \frac{\partial n}{\partial v} \cdot \frac{\partial n}{\partial u} du dv + \frac{\partial n}{\partial v} \cdot \frac{\partial n}{\partial v} dv^2$$
$$= P du^2 + 2Q du dv + R dv^2$$
となります．

第 3 基本量は次のように書くこともできます：

$$P(u, v) = -\frac{\partial^2 n}{\partial u^2}(u, v) \cdot n(u, v)$$

$$Q(u, v) = -\frac{\partial^2 n}{\partial u \partial v}(u, v) \cdot n(u, v)$$

$$R(u, v) = -\frac{\partial^2 n}{\partial v^2}(u, v) \cdot n(u, v)$$

実際,これらの等式は,$\|n(u, v)\|^2 = 1$ の両辺を u および v で偏微分して得られる等式

$$\frac{\partial n}{\partial u}(u, v) \cdot n(u, v) = 0$$

$$\frac{\partial n}{\partial v}(u, v) \cdot n(u, v) = 0$$

の両辺をさらに u, v それぞれで偏微分した式から得られます.

学生:第3基本量って何ですか?

先生:単位法ベクトル $n(u, v)$ は $\frac{\partial S}{\partial u}(u, v)$,$\frac{\partial S}{\partial v}(u, v)$ の外積により定まるが,上式を見ると,第3基本量は n を2回微分しているので,曲面 S を3回微分して得られる.すなわち,

第3基本量は曲面の3階微分の情報である

と言える.

第3基本量から構成された行列

$$\mathcal{L} = \begin{pmatrix} P & Q \\ Q & R \end{pmatrix}$$

を用いると,第3基本形式は

$$\mathrm{III} = (du, dv)\begin{pmatrix} P & Q \\ Q & R \end{pmatrix}\begin{pmatrix} du \\ dv \end{pmatrix} = \sigma \mathcal{L}\,{}^t\sigma$$

と書けます.ただし,$\sigma = (du, dv)$ とします.さらに,行列 $\mathcal{L}$ は半正定値,すなわち,

任意のベクトル $w = (a, b)$ に対して, $w\mathcal{L}\,{}^t w \geq 0$

となります.

先生：第 1 基本量，第 2 基本量から構成される行列 $\mathcal{G}$, $\mathcal{H}$ を用いると，第 3 基本量から構成される行列 $\mathcal{L}$ は

$$\mathcal{L} = \mathcal{H}\mathcal{G}^{-1}\mathcal{H}$$

と表せる[9]．

学生：ということは，第 3 基本量は，第 1 基本量と第 2 基本量で書けるということですね．

先生：さらに，第 1 基本形式 I，第 2 基本形式 II，第 3 基本形式 III の間には

$$\text{III} - 2H\,\text{II} + K\,\text{I} = 0$$

という関係がある．

学生：H と K は何ですか？

先生：H と K はそれぞれ，次回に出てくる平均曲率とガウス曲率だ．

学生：今日は曲面の基本量が 3 つも出てきて，勉強にも楽しみにもなりました．

先生：それは一挙 量 得だな．

いっきょりょうとく
【一挙両得】
1 つのことをして
2 つの利益を収めること．

広辞苑第 5 版

---

[9] 84 ページでふれるワインガルテンの公式を用います．また，この等式から $\mathcal{L}$ が半正定値であることが導かれます．実際，$\mathcal{H}$ が対称行列ですから

$$w\mathcal{L}\,{}^t w = w\mathcal{H}\mathcal{G}^{-1}\mathcal{H}\,{}^t w$$
$$= (w\mathcal{H})\mathcal{G}^{-1}\,{}^t(w\mathcal{H}) \geq 0$$

となります．最後の不等式では，$\mathcal{G}$ が正定値であり，したがって，$\mathcal{G}^{-1}$ が正定値であることを用いました．等号は，$w\mathcal{H} = 0$ である場合に成り立ちますので，$\mathcal{L}$ は半正定値になります．

7. 曲面の2つの尺度
〜 平均曲率とガウス曲率

山を出て
はじめて高し
雲の峰

正岡子規

　山頂から風景をながめながら．

学生：すばらしい景色ですね．
先生：山もいい形をしているね．
学生：あのあたりが楕円放物面の一部で，そこから先がアンデュロイドになっています．

山の姿
蚤（のみ）が茶臼（ちゃうす）の
覆（おお）ひかな

芭蕉

　今回は，曲面の曲率を定義します．曲線の場合とは異なり，曲面は2次元的な広がりをもつために，曲面の「曲がりぐあい」は方向によって違います．

7. 曲面の2つの尺度 〜平均曲率とガウス曲率

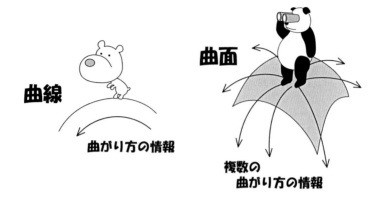

見わたせば
足もとかすむ
曲面の
こちらの向きと
なにおもひけむ

言葉上皇(ことばじょうこう)
「真古今和歌集」

　そこで，方向を決めたときの曲面の「曲がりぐあい」を示す量として，**法曲率**を定義します．方向を指定すると法曲率が定まりますが，方向を変えたときの法曲率の最大値と最小値を**主曲率**と呼びます．この2つの主曲率から，**平均曲率**と**ガウス曲率**が定義されます．

7.1 法曲率

　上で述べたように，曲面は方向によって「曲がりぐあい」が違います．法曲率は，"方向"を決めたときの曲面の「曲がりぐあい」を表す量であり，「曲面に"垂直な"平面と曲面の交わり」としてできる曲線の曲率のことです[1]．正確な定義は少し長いですが，以下のようになります．

---

[1] 曲率は，平面曲線としての曲率です．一般に，負の値も許します．

曲面 S 上の点 a に対して，a における単位法ベクトル n が定まる[2]．曲面 S の a における任意の単位接ベクトル X をとる．

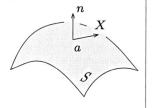

このとき

「X と n で定まる平面 P」と「曲面 S」との交わりとして，平面曲線 C が得られる[3]．曲線 $C = C(s)$ の弧長パラメーター s は $s = s_0$ において

$$C(s_0) = a$$
$$e_1(s_0) = X$$
$$e_2(s_0) = n$$

となるようにとっておく[4][5]

---

[2] 「曲面 S」と言うとき，パラメーター u, v が与えられています．このとき，2 つの接ベクトル $\frac{\partial S}{\partial u}$, $\frac{\partial S}{\partial v}$ の外積により，単位法ベクトル $n(u, v)$ が定まりました．

[3] 交わりは，一般には曲線になるとは限りませんが，平面 P は，点 a における接平面と直交するので，点 a の近傍では曲線になり，点 a における法曲率が定義できます．

[4] 曲線を平面曲線と見なすとき，含まれている平面の表と裏を認識しておく必要があります．曲線 $C(s)$ のムービング・フレーム $e_1(s)$, $e_2(s)$ で見ると

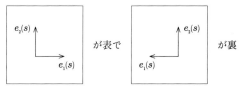

ということになります．平面曲線としての法ベクトル $e_2(s)$ は，平面内で接ベクトル $e_1(s)$ を $\frac{\pi}{2}$ だけ（90 度だけ）回転したものです．平面の表で θ だけ回転すると，裏から見ると $-\theta$ だけ回転したことになります．

裏返す、いや、裏ガウス

[5] 曲面のパラメーターをとりかえることにより，法ベクトル n が $-n$ になると，（すなわ

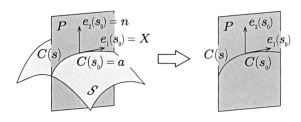

このとき，

曲線 $C(s)$ の**平面曲線としての曲率** $\kappa(s_0)$

を

a における X 方向の S の**法曲率**

という．

法曲率をもう少しくわしく調べてみましょう．
曲面 $S(u, v)$ 上の曲線 $C(s)$ は一般に，パラメーター u, v を s の関数
$$u = u(s)$$
$$v = v(s)$$
として
(1) $$C(s) = S(u(s), v(s))$$
と表せます．また，s は曲線 $C(s)$ の弧長パラメーターとします．

ち，法ベクトルの向きが変わると，）平面曲線の曲率として符号が変わることに注意してください．

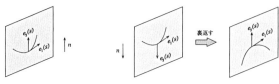

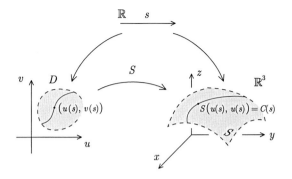

このとき，曲線 $C(s)$ の微分は，合成関数の微分法により

(2) $$C'(s) = \frac{\partial S}{\partial u}\frac{du}{ds} + \frac{\partial S}{\partial v}\frac{dv}{ds}$$

$$= \left(\frac{du}{ds},\ \frac{dv}{ds}\right)\begin{pmatrix}\frac{\partial S}{\partial u}\\ \frac{\partial S}{\partial v}\end{pmatrix}$$

および

(3) $$C''(s) = \frac{\partial^2 S}{\partial u^2}\left(\frac{du}{ds}\right)^2 + 2\frac{\partial^2 S}{\partial u \partial v}\frac{du}{ds}\frac{dv}{ds} + \frac{\partial^2 S}{\partial v^2}\left(\frac{dv}{ds}\right)^2$$

$$+ \frac{\partial S}{\partial u}\frac{d^2 u}{ds^2} + \frac{\partial S}{\partial v}\frac{d^2 v}{ds^2}$$

となります．ここで，S の微分は，例えば

$$\frac{\partial S}{\partial u} = \frac{\partial S}{\partial u}(u(s),\ v(s))\ \text{や}$$

$$\frac{\partial^2 S}{\partial u \partial v} = \frac{\partial^2 S}{\partial u \partial v}(u(s),\ v(s))$$

というように，弧長パラメーター s の関数です．また，仮定より

$$S(u(s_0),\ v(s_0)) = C(s_0) = a$$

です．

曲線 $C(s)$ の $s = s_0$ における曲率 $\kappa(s_0)$ は

$$\kappa(s_0) = e_1'(s_0) \cdot e_2(s_0)$$
$$= C''(s_0) \cdot n(u(s_0),\ v(s_0))$$

となります．(3) を考慮すると

$$\kappa(s_0) = \left(\frac{\partial^2 S}{\partial u^2}\cdot n\right)\left(\frac{du}{ds}\right)^2 + 2\left(\frac{\partial^2 S}{\partial u \partial v}\cdot n\right)\frac{du}{ds}\frac{dv}{ds}$$
$$+ \left(\frac{\partial^2 S}{\partial v^2}\cdot n\right)\left(\frac{dv}{ds}\right)^2 + \left(\frac{\partial S}{\partial u}\cdot n\right)\frac{d^2 u}{ds^2} + \left(\frac{\partial S}{\partial v}\cdot n\right)\frac{d^2 v}{ds^2}$$
$$= L\left(\frac{du}{ds}\right)^2 + 2M\frac{du}{ds}\frac{dv}{ds} + N\left(\frac{dv}{ds}\right)^2$$
$$\left(\because \frac{\partial S}{\partial u} \text{ と } n \text{ は直交}, \frac{\partial S}{\partial v} \text{ と } n \text{ も直交}\right)$$
$$= \left(\frac{du}{ds}, \frac{dv}{ds}\right)\begin{pmatrix} L & M \\ M & N \end{pmatrix}\begin{pmatrix} \frac{du}{ds} \\ \frac{dv}{ds} \end{pmatrix}$$

となります[6]．ただし，上記の等式に表れる項は，例えば，

$$\frac{\partial S}{\partial u} = \frac{\partial S}{\partial u}(u(s_0), v(s_0)) \text{ や } n = n(u(s_0), v(s_0))$$

のように，すべて $s = s_0$ における値です．このとき，

$$\sigma = (\alpha, \beta) = \left(\frac{du}{ds}, \frac{dv}{ds}\right) \text{ とおくと}$$

(4) $$\kappa(s_0) = \sigma \mathcal{H}\,{}^t\sigma = L\alpha^2 + 2M\alpha\beta + N\beta^2$$

となります．ただし，$\mathcal{H} = \begin{pmatrix} L & M \\ M & N \end{pmatrix}$ です．(4) は，**法曲率が第 2 基本形式にほかならない**ことを示しています．一方で，s が弧長パラメーターであるという事実から $\|e_1(s)\| = 1$ であり，したがって，特に

$$1 = \|e_1(s_0)\|^2$$
$$= \left\|\frac{\partial S}{\partial u}\frac{du}{ds} + \frac{\partial S}{\partial v}\frac{dv}{ds}\right\|^2$$
$$= \left\|\frac{\partial S}{\partial u}\right\|^2\left(\frac{du}{ds}\right)^2 + 2\left(\frac{\partial S}{\partial u}\cdot\frac{\partial S}{\partial v}\right)\frac{du}{ds}\frac{dv}{ds} + \left\|\frac{\partial S}{\partial v}\right\|^2\left(\frac{dv}{ds}\right)^2$$
$$= E\left(\frac{du}{ds}\right)^2 + 2F\frac{du}{ds}\frac{dv}{ds} + G\left(\frac{dv}{ds}\right)^2$$
$$= \left(\frac{du}{ds}, \frac{dv}{ds}\right)\begin{pmatrix} E & F \\ F & G \end{pmatrix}\begin{pmatrix} \frac{du}{ds} \\ \frac{dv}{ds} \end{pmatrix}$$
$$= \sigma \mathcal{G}\,{}^t\sigma$$

---

[6] 曲線 $C(s)$ に沿う法ベクトル n は，パラメーター s の関数 $n(s) = n(u(s), v(s))$ です．

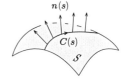

すなわち

(5) $$\sigma \mathcal{G}\,{}^t\sigma = E\alpha^2 + 2F\alpha\beta + G\beta^2 = 1$$

という制約条件があります．

(4), (5) より

(6) **法曲率は，
制約条件 $\sigma \mathcal{G}\,{}^t\sigma = 1$ のもとでの
第 2 基本形式 $\sigma \mathcal{H}\,{}^t\sigma$ である**

ということになります[7]．

7.2 主曲率

単位接ベクトル X をとると，X の方向の法曲率が定義されました．方向を定めるベクトル X を動かすと（すなわち，平面 P の方向を 360 度回転させてやると）法曲率が変化します．

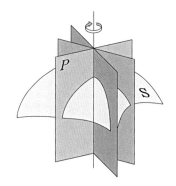

そこで，法曲率から，最大値と最小値という 2 つの量を「主曲率」として取り出すことにします．

（単位接ベクトル X を動かしたときの）法曲率の最大値と最小値を**主曲率**（**principal curvature**）という．

主曲率を κ_1, κ_2 とすると

---

[7] $\dfrac{\partial}{\partial u}$, $\dfrac{\partial}{\partial v}$ と du, dv の並べ方を縦と横にすることにより，

$$\begin{pmatrix} \frac{\partial}{\partial u} \\ \frac{\partial}{\partial v} \end{pmatrix} \quad \text{と} \quad (du,\ dv)$$

というように区別しています．これは，接ベクトル（tangent vector）と余接ベクトル（cotangent vector）を縦ベクトルと横ベクトルで区別するのに対応しています．縦と横は，それらの間の**双対性**（**duality**）を反映しています．

7. 曲面の2つの尺度 ～平均曲率とガウス曲率

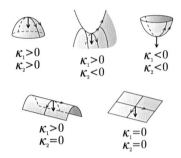

主曲率を，もう少しくわしく述べましょう．
任意の単位接ベクトル X は，適当な曲線 $C(s)$ をとると $X = C'(s_0)$ と書けます．このとき (2) より

$$X = \frac{\partial S}{\partial u}\frac{du}{ds} + \frac{\partial S}{\partial v}\frac{dv}{ds}$$

$$= \left(\frac{du}{ds}, \frac{dv}{ds}\right)\begin{pmatrix}\frac{\partial S}{\partial u}\\\frac{\partial S}{\partial v}\end{pmatrix} = \sigma\begin{pmatrix}\frac{\partial S}{\partial u}\\\frac{\partial S}{\partial v}\end{pmatrix}$$

であり，

$$\frac{\partial S}{\partial u} = \frac{\partial S}{\partial u}(u(s_0), v(s_0)) \quad や \quad \frac{\partial S}{\partial v} = \frac{\partial S}{\partial v}(u(s_0), v(s_0))$$

は点 a において定まった接ベクトルですから，接ベクトル X を動かすことは，σ を動かすことになります．したがって (6) より

(7) **主曲率は，
制約条件 $\sigma \mathcal{G}\,^t\sigma = 1$ のもとでの
第2基本形式 $\sigma \mathcal{H}\,^t\sigma$ の最大値と最小値である**

ということになります．

7.3 平均曲率，ガウス曲率

主曲率の"平均量"として得られたものが，次にあげる平均曲率とガウス曲率です．これらは，曲面論において最も重要な幾何学的量の1つです．

> 曲面 S の点 a に対して，κ_1, κ_2 を a における曲面 S の主曲率とする．このとき，
> $$H = \frac{1}{2}(\kappa_1 + \kappa_2)$$
> $$K = \kappa_1 \kappa_2$$
> とおき，
> 　　H を a における S の**平均曲率**（mean curvature），
> 　　K を a における S の**ガウス曲率**（Gaussian curvature）
> と呼ぶ．

先生：まず，主曲率を得るために条件付極値問題の解(7)を求めよう．

学生：どうやって解くんですか？

先生：条件付極値問題の解は，ラグランジュの未定乗数法で求めることができる．

学生：ラクダ教授の家庭浄水法？

先生：ラグランジュの未定乗数法は，(7) の極値の場合でいうと，その解は，（未定の）乗数 λ を加えた関数

砂漠で水に苦労していますから・・・。

(8) 　　$F(\alpha, \beta) = \sigma \mathcal{H}\,{}^t\sigma - \lambda(\sigma \mathcal{G}\,{}^t\sigma - 1)$
$$= (L\alpha^2 + 2M\alpha\beta + N\beta^2) - \lambda\{(E\alpha^2 + 2F\alpha\beta + G\beta^2) - 1\}$$

の極値になっているというものだ．

学生：点 (α, β) において，(8) の関数 $F(\alpha, \beta)$ が極値をとるとすると
$$\frac{\partial F}{\partial \alpha}(\alpha, \beta) = \frac{\partial F}{\partial \beta}(\alpha, \beta) = 0$$
が成り立ちますね．

先生：これを実際に計算すると
$$2(L\alpha + M\beta) - 2\lambda(E\alpha + F\beta) = 0$$
$$2(M\alpha + N\beta) - 2\lambda(F\alpha + G\beta) = 0$$
という 2 つの等式が得られる．

学生：整理すると
$$\begin{pmatrix} \lambda E - L & \lambda F - M \\ \lambda F - M & \lambda G - N \end{pmatrix} \begin{pmatrix} \alpha \\ \beta \end{pmatrix} = 0$$

という形になります．

先生：$(\alpha, \beta) = \left(\dfrac{du}{ds}(s_0), \dfrac{dv}{ds}(s_0)\right) \neq (0, 0)$ であるから，

(9) $$\det\begin{pmatrix} \lambda E - L & \lambda F - M \\ \lambda F - M & \lambda G - N \end{pmatrix} = 0$$

でなければならない．

学生：この行列式を計算して整理すると
$$(EG - F^2)\lambda^2 - (EN - 2FM + GL)\lambda + LN - M^2 = 0$$
となります．

先生：これは λ についての2次方程式であり，解は高々2つ．ところが，主曲率 $\lambda = \kappa_1, \kappa_2$ がこの方程式を満たすことに注意すると，2次方程式の解と係数の関係により，
$$\kappa_1 + \kappa_2 = \frac{EN - 2FM + GL}{EG - F^2}$$
$$\kappa_1 \kappa_2 = \frac{LN - M^2}{EG - F^2}$$
となる．

以上から，平均曲率，ガウス曲率の定義を考慮すると，平均曲率 H とガウス曲率 K は，曲面の第1基本量，および，第2基本量を用いて次のように表されることがわかりました．

$$\boxed{\begin{aligned} H &= \frac{1}{2} \frac{EN - 2FM + GL}{EG - F^2} \\ K &= \frac{LN - M^2}{EG - F^2} \end{aligned}}$$

学生：ガウス曲率は覚えやすい形をしているけど，平均曲率は少し複雑ですね．

先生：これも，第1基本量，第2基本量の行列
$$\mathcal{G} = \begin{pmatrix} E & F \\ F & G \end{pmatrix}$$
$$\mathcal{H} = \begin{pmatrix} L & M \\ M & N \end{pmatrix}$$
を用いると，平均曲率とガウス曲率は，行列 $\mathcal{H}\mathcal{G}^{-1}$ のトレース tr と行列式 det により

(10)
$$H = \frac{1}{2}\mathrm{tr}(\mathcal{H}\mathcal{G}^{-1})$$
$$K = \det(\mathcal{H}\mathcal{G}^{-1})$$

と書ける．

学生：えーっと．（計算して確かめた後）そうなっていますね．

先生：実は，行列 $\mathcal{H}\mathcal{G}^{-1}$ は**ワインガルテン写像**（**Weingarten map**）という（接平面から接平面への）線形写像に対応しているんだよ[8]．

学生：ワインとイカ天写像？

ワインとイカ天
じゃなくて
ワインガルテン

練習問題 7.1　　　　　　　　　　答えは 204 ページ

等式 (10) を計算して確かめよ．

学生：どうして，(10) のように表されるのですか？

先生：(9) の左辺は

$$\det\begin{pmatrix} \lambda E - L & \lambda F - M \\ \lambda F - M & \lambda G - N \end{pmatrix} = \det(\lambda \mathcal{G} - \mathcal{H})$$
$$= \det((\lambda I - \mathcal{H}\mathcal{G}^{-1})\mathcal{G}) = \det(\lambda I - \mathcal{H}\mathcal{G}^{-1})\det\mathcal{G}$$

となる．

学生：I は単位行列 $\begin{pmatrix} 1 & 0 \\ 0 & 1 \end{pmatrix}$ ですね．

先生：$\det\mathcal{G} = \det\begin{pmatrix} E & F \\ F & G \end{pmatrix}$ はゼロでないことに注意すると，条件 (9) は

(11) $$\det(\lambda I - \mathcal{H}\mathcal{G}^{-1}) = 0$$

と同値だ．

学生：(11) は，λ が行列 $\mathcal{H}\mathcal{G}^{-1}$ の固有値になっているということですか？

---

[8] $\mathcal{G}, \mathcal{H}$ は対称行列であることに注意すると，行列 $\mathcal{H}\mathcal{G}^{-1}$ の代わりにその転置行列 $\mathcal{G}^{-1}\mathcal{H}$ を採用しても良い．
これは，接ベクトルを縦ベクトルで表現するか，横ベクトルで表現するかの違いから来ている．また，ワインガルテン写像は，多様体の接続の言葉でいうと，**シェイプ作用素**と呼ばれるものに対応している．

先生：その通りだ．これを λ に関する方程式と見たときの解が主曲率であるから，**主曲率は，行列 $\mathcal{H}\mathcal{G}^{-1}$ の固有値にほかならない**．

学生：一般に，2つの固有値の和がトレースで，固有値の積が行列式だから[9]，(10) が成り立ちますね．

先生：そう考えると，曲面の曲率として，平均曲率とガウス曲率を採用するのも妥当と思いませんか？

では，最後に練習問題を一つ．

練習問題7.2　　　　　　　　　　　　　　　　　　　　　　　答えは204ページ

前回，前々回の講座でふれた，以下の2つの曲面の平均曲率 H とガウス曲率 K を求めよ．ただし，a, b, r は正の実数とする．

(1) 球面（楕円面の特別な場合）
$$S(u, v) = (r\cos u \cos v,\ r\cos u \sin v,\ r\sin u)$$
$$\left(-\frac{\pi}{2} \leq u \leq \frac{\pi}{2},\ 0 \leq v < 2\pi\right)$$

(2) 楕円放物面
$$S(u, v) = (au,\ bv,\ u^2+v^2)\ \ (u, v \in \mathbb{R})$$

学生：山の景色を見ていると，曲面の曲率のことを忘れてしまいますね．

先生：どうして？

学生：昔から言うじゃないですか，『人生，山あり，うっかり』って・・・．

じんせい，やまあり，たにあり
【人生，山あり，谷あり】
人生という局面，いや，曲面には
平均曲率が正の部分もあれば，
平均曲率が負の部分もあるということ．

---

[9] 2次の正方行列 A の固有多項式が
$$0 = \det(A - \lambda I)$$
$$= \lambda^2 - (\operatorname{tr} A)\lambda + \det A$$
であることに注意してください．

8. 根差(ねざ)している風景
〜 ガウスの公式とワインガルテンの公式

フィンマンの数学の法則
他人の数式を
読みたがる人はいない[1]

アーサー・ブロック
「マーフィーの法則」[2]
(アスキー出版局，1993年)

学生と約束の時間の研究室．ノックの音が．

学生：こんにちは．曲面の話の続きを聞きたくてやってきました．
先生：今日は，曲面の構造を記述する方程式の話をしましょう．
学生：何かムズカシそうですね．
先生：計算が少し複雑ですけど，話の筋は単純です．

パラメーター u, v で表示された曲面 $S(u, v)$ の2つの接ベクトル $\frac{\partial S}{\partial u}(u, v), \frac{\partial S}{\partial v}(u, v)$ と法ベクトル $n(u, v)$ が，曲線の場合のムービング・フレームの役割を果たします．そして，曲線のフルネ–セレの公式に対応するものが，ガウスの公式とワインガルテンの公式です．

---

[1] Finman's law of Mathematics：Nobody wants to read anyone else's formulas.
[2] 「21世紀版マーフィーの法則」(アスキー，2007)("Murphy's Law：The 26th Anniversary Edition"の和訳)では，「フィンマンの数学の法則」は記載されていないようである．

8.1 ガウスの公式

曲面 $S = S(u, v)$ の接ベクトル $\frac{\partial S}{\partial u}$, $\frac{\partial S}{\partial v}$ の微分，すなわち，S の2階微分は，次のガウス（Gauss）の公式で与えられます．

ガウスの公式（Gauss formula）

(1)
$$\begin{cases} \dfrac{\partial^2 S}{\partial u^2} = \Gamma_{11}^1 \dfrac{\partial S}{\partial u} + \Gamma_{11}^2 \dfrac{\partial S}{\partial v} + Ln \\[4pt] \dfrac{\partial^2 S}{\partial u \partial v} = \Gamma_{12}^1 \dfrac{\partial S}{\partial u} + \Gamma_{12}^2 \dfrac{\partial S}{\partial v} + Mn \\[4pt] \dfrac{\partial^2 S}{\partial v^2} = \Gamma_{22}^1 \dfrac{\partial S}{\partial u} + \Gamma_{22}^2 \dfrac{\partial S}{\partial v} + Nn \end{cases}$$

ただし，Γ_{ij}^k は，$\Gamma_{21}^k = \Gamma_{12}^k$ $(k = 1, 2)$ であり，次のように定義される．

(2)
$$\begin{pmatrix} \Gamma_{11}^1 & \Gamma_{11}^2 \\ \Gamma_{12}^1 & \Gamma_{12}^2 \\ \Gamma_{22}^1 & \Gamma_{22}^2 \end{pmatrix} = \begin{pmatrix} \dfrac{1}{2}\dfrac{\partial E}{\partial u} & \dfrac{\partial F}{\partial u} - \dfrac{1}{2}\dfrac{\partial E}{\partial v} \\ \dfrac{1}{2}\dfrac{\partial E}{\partial v} & \dfrac{1}{2}\dfrac{\partial G}{\partial u} \\ \dfrac{\partial F}{\partial v} - \dfrac{1}{2}\dfrac{\partial G}{\partial u} & \dfrac{1}{2}\dfrac{\partial G}{\partial v} \end{pmatrix} \begin{pmatrix} E & F \\ F & G \end{pmatrix}^{-1}$$

学生：法ベクトル n の成分が第2基本量 L, M, N になっているのはなぜですか？

先生：第2基本量の定義そのものだ．

学生：どうしてですか？

先生：例えば，第2基本量 L の定義は $L = \dfrac{\partial^2 S}{\partial u^2} \cdot n$ だからね．

学生：接ベクトル $\dfrac{\partial S}{\partial u}$, $\dfrac{\partial S}{\partial v}$ の係数は複雑ですね．この係数 Γ_{ij}^k というのは何ですか？

先生：係数 Γ_{ij}^k は，（リーマン）多様体論の**接続係数**と呼ばれるものにほかならない．

学生：接続係数？

先生：一般に，多様体の"接空間のつながりぐあい"を表す係数が接続係数であり，第1基本量とその微分で定義される．

> 空間は点の集まりでなく
> 法則の現実化である．
> 　　　ウィトゲンシュタイン
> 　　　「哲学的考察」

先生：曲線の場合，ムービング・フレーム

$$e_1, e_2, e_3$$

の動き（微分）を記述するのがフルネーセレの公式だったが，曲面の場合は，接ベクトルと法ベクトル

$$\frac{\partial S}{\partial u}, \frac{\partial S}{\partial v}, n$$

を"ムービング・フレーム"と見なすと，接ベクトル $\frac{\partial S}{\partial u}, \frac{\partial S}{\partial v}$ の動き（微分）を規定するのがガウスの公式だ．

学生：それじゃ，法ベクトル n を記述するものは？

先生：それは，後で出てくるワインガルテンの公式だ．

学生：また，『ワインガルテン』ですか．『ワインとイカ天』のダジャレを言うつもりじゃないでしょうね．

そんなダジャレを言うわけないガウス

ガウス

学生：ガウスの公式(1), (2)はどうやって証明するんですか？

先生：接ベクトルと法ベクトルの組 $\dfrac{\partial S}{\partial u_1}$, $\dfrac{\partial S}{\partial u_2}$, n は $\mathbb{R}^3$ の基底であることに注意すると，ベクトル $\dfrac{\partial^2 S}{\partial u^2}$, $\dfrac{\partial^2 S}{\partial u \partial v}$, $\dfrac{\partial^2 S}{\partial v^2}$ はそれらの線形和で書ける．

学生：例えば

$$\frac{\partial^2 S}{\partial u^2} = a_{11}\frac{\partial S}{\partial u} + b_{11}\frac{\partial S}{\partial v} + c_{11} n$$

$$\frac{\partial^2 S}{\partial u \partial v} = a_{12}\frac{\partial S}{\partial u} + b_{12}\frac{\partial S}{\partial v} + c_{12} n$$

$$\frac{\partial^2 S}{\partial v^2} = a_{22}\frac{\partial S}{\partial u} + b_{22}\frac{\partial S}{\partial v} + c_{22} n$$

と表せるわけですね．しかも，係数 c_{ij} は第2基本量です．

先生：ここで，係数 a_{ij}, b_{ij} の代わりに，それぞれ，記号 Γ_{ij}^1, Γ_{ij}^2 を使用しよう．

学生：なぜ，添え字を3つにして，複雑にするのですか？それに，『使用しよう』ってダジャレですか？

先生：添え字を複雑にしたわけでなくて，さきほどふれた『接続係数』を意識しているからだ．それから，『使用しよう』は，ダジャレでなくて仕様である．

学生：そうすると，ガウスの公式は，それで証明が終わったわけですか．

先生：いや，この係数 Γ_{ij}^k が接続係数であること，今の場合，(2)を満たすことを示さなければならない．

接続係数という意味では，後でふれる等式(6)の方が標準的な形なので，(6)の形で確かめた方が良いけど．

8.2 ワインガルテンの公式

曲面 S の法ベクトル n の動き（微分）は，次のワインガルテン (Weingarten) の公式で与えられます．

> **ワインガルテンの公式（Weingarten formula）**
>
> (3) $\begin{cases} \dfrac{\partial n}{\partial u} = \dfrac{FM-GL}{EG-F^2}\dfrac{\partial S}{\partial u} + \dfrac{FL-EM}{EG-F^2}\dfrac{\partial S}{\partial v} \\ \dfrac{\partial n}{\partial v} = \dfrac{FN-GM}{EG-F^2}\dfrac{\partial S}{\partial u} + \dfrac{FM-EN}{EG-F^2}\dfrac{\partial S}{\partial v} \end{cases}$

先生：形はきれいだけど，右辺は少しわかりにくいですね．

先生：実は，ワインガルテンの公式は，第1基本量と第2基本量から構成される行列

$$\mathcal{G} = \begin{pmatrix} E & F \\ F & G \end{pmatrix}, \quad \mathcal{H} = \begin{pmatrix} L & M \\ M & N \end{pmatrix}$$

を用いると

$$\begin{pmatrix} \dfrac{\partial n}{\partial u} \\ \dfrac{\partial n}{\partial v} \end{pmatrix} = - \begin{pmatrix} L & M \\ M & N \end{pmatrix} \begin{pmatrix} E & F \\ F & G \end{pmatrix}^{-1} \begin{pmatrix} \dfrac{\partial S}{\partial u} \\ \dfrac{\partial S}{\partial v} \end{pmatrix}$$

と書ける．

学生：これは美しいですね．

先生：前回ふれたけど，右辺の係数の行列

$$-\mathcal{H}\mathcal{G}^{-1} = -\begin{pmatrix} L & M \\ M & N \end{pmatrix}\begin{pmatrix} E & F \\ F & G \end{pmatrix}^{-1}$$

は，ワインガルテン写像と対応している[3]．

学生：またワインガルテンですか．ダジャレを言うつもりじゃないでしょうね．

---

[3] というより，$-\mathcal{H}\mathcal{G}^{-1}$ がワインガルテン写像の定義と言っても良いですが．

上記のことをまとめておくと

ワインガルテンの公式

(4) $\begin{pmatrix} \frac{\partial n}{\partial u} \\ \frac{\partial n}{\partial v} \end{pmatrix} = -\begin{pmatrix} L & M \\ M & N \end{pmatrix}\begin{pmatrix} E & F \\ F & G \end{pmatrix}^{-1}\begin{pmatrix} \frac{\partial S}{\partial u} \\ \frac{\partial S}{\partial v} \end{pmatrix} = -\mathcal{H}\mathcal{G}^{-1}\begin{pmatrix} \frac{\partial S}{\partial u} \\ \frac{\partial S}{\partial v} \end{pmatrix}$

ここで
$$\mathcal{G} = \begin{pmatrix} E & F \\ F & G \end{pmatrix}, \quad \mathcal{H} = \begin{pmatrix} L & M \\ M & N \end{pmatrix}$$
である.

学生：ワインガルテンの公式(3)はどうやって証明するのですか？

先生：ガウスの公式(1)の証明と同様だ．ベクトル $\frac{\partial n}{\partial u}, \frac{\partial n}{\partial v}$ を $\mathbb{R}^3$ の基底 $\frac{\partial S}{\partial u}, \frac{\partial S}{\partial v}, n$ の線形和で表す．これら2式の辺々と接ベクトル $\frac{\partial S}{\partial u}, \frac{\partial S}{\partial v}$, 法ベクトル n との内積を計算すれば，ワインガルテンの公式が得られる．

8.3 可積分条件
── ガウスの方程式，コダッチ–マイナルディの方程式

パラメーター u, v をそれぞれ添え字をつけて u_1, u_2 と表し，また，第1基本量，第2基本量を

$$\begin{pmatrix} g_{11} & g_{12} \\ g_{21} & g_{22} \end{pmatrix} = \begin{pmatrix} E & F \\ F & G \end{pmatrix}$$

$$\begin{pmatrix} h_{11} & h_{12} \\ h_{21} & h_{22} \end{pmatrix} = \begin{pmatrix} L & M \\ M & N \end{pmatrix}$$

と，添え字をつけて g_{ij}, h_{ij} と表します．すなわち

$$g_{ij} = \frac{\partial S}{\partial u_i} \cdot \frac{\partial S}{\partial u_j}$$

$$h_{ij} = \frac{\partial^2 S}{\partial u_i \partial u_j} \cdot n$$

と定義します．また，上に添え字のついた g^{ij} は，行列 g_{ij} の逆行列，すなわち

$$\begin{pmatrix} g^{11} & g^{12} \\ g^{21} & g^{22} \end{pmatrix} = \begin{pmatrix} g_{11} & g_{12} \\ g_{21} & g_{22} \end{pmatrix}^{-1}$$

を表します．添え字をつけて表すと複雑に見えますが，複数の式を統一的にあつかうことができ，また，結果を一般化する場合にも，見通しがよくなります．

ガウスの公式(1), (2)とワインガルテンの公式(3)を記号 g_{ij}, h_{ij} を用いて書き直すと，以下のようになります．

ガウスの公式　曲面 $S(u_1, u_2)$ に対して次が成り立つ．

(5) $$\frac{\partial^2 S}{\partial u_i \partial u_j} = \sum_{k=1}^{2} \Gamma_{ij}^k \frac{\partial S}{\partial u_k} + h_{ij} n$$

ただし，

(6) $$\Gamma_{ij}^k = \frac{1}{2} \sum_{a=1}^{2} g^{ka} \left(\frac{\partial g_{ai}}{\partial u_j} + \frac{\partial g_{aj}}{\partial u_i} - \frac{\partial g_{ij}}{\partial u_a} \right)$$

で定義される．

ワインガルテンの公式　曲面 $S(u_1, u_2)$ に対して次が成り立つ．

(7) $$\frac{\partial n}{\partial u_i} = -\sum_{j=1}^{2} \sum_{k=1}^{2} h_{ij} g^{jk} \frac{\partial S}{\partial u_k}$$

学生：添え字がたくさんあって，目がチカチカします．

先生：添え字で記述される量で，ある変換規則を満たすものを**テンソル**と呼ぶが，そういうテンソル計算の標準的な記法だ[4]．

学生：Γ_{ij}^k もテンソルなんですね．

テンソル？

これはパラソル

---

[4] テンソルでも添え字をつけない記法もあります．添え字がついているのは，テンソルの成分表示です．

先生：微分幾何学で添え字のついた量はほとんどすべてテンソルだが，接続係数 Γ_{ij}^k はテンソル**ではない**．g_{ij} は基本テンソルと呼ぶことがあるが，Γ_{ij}^k は単なる接続"係数"なんだ．

上記のガウスの公式 (5), (6) とワインガルテンの公式 (7) は，Γ_{ij}^k が (6) の形で表されることだけ示せば，(5) と (7) は前出の 2 つの公式 (1) と (3) をそれぞれ書き直しただけです．以下，Γ_{ij}^k が (6) の形で表されることを示しましょう．まず，g_{ij} が第 1 基本量であることから

$$g_{ai} = \frac{\partial S}{\partial u_a} \cdot \frac{\partial S}{\partial u_i}$$

ですが，この両辺を u_j で微分すると

(9) $$\frac{\partial g_{ai}}{\partial u_j} = \frac{\partial^2 S}{\partial u_j \partial u_a} \cdot \frac{\partial S}{\partial u_i} + \frac{\partial S}{\partial u_a} \cdot \frac{\partial^2 S}{\partial u_j \partial u_i}$$

一方，(5) より

$$\frac{\partial^2 S}{\partial u_j \partial u_a} = \sum_{p=1}^{2} \Gamma_{ja}^p \frac{\partial S}{\partial u_p} + h_{ja} n$$

$$\frac{\partial^2 S}{\partial u_j \partial u_i} = \sum_{p=1}^{2} \Gamma_{ji}^p \frac{\partial S}{\partial u_p} + h_{ji} n$$

であるから，これらを (9) に代入し，$n \cdot \frac{\partial S}{\partial u_i} = \frac{\partial S}{\partial u_a} \cdot n = 0$ であることに注意して整理すると

(10) $$\frac{\partial g_{ai}}{\partial u_j} = \sum_{p=1}^{2} \Gamma_{ja}^p \frac{\partial S}{\partial u_p} \cdot \frac{\partial S}{\partial u_i} + \sum_{p=1}^{2} \Gamma_{ji}^p \frac{\partial S}{\partial u_a} \cdot \frac{\partial S}{\partial u_p}$$

$$= \sum_{p=1}^{2} \Gamma_{ja}^p g_{pi} + \sum_{p=1}^{2} \Gamma_{ji}^p g_{ap}$$

となります．添え字を入れかえることにより

(11) $$\frac{\partial g_{aj}}{\partial u_i} = \sum_{p=1}^{2} \Gamma_{ia}^p g_{pj} + \sum_{p=1}^{2} \Gamma_{ij}^p g_{ap}$$

(12) $$\frac{\partial g_{ij}}{\partial u_a} = \sum_{p=1}^{2} \Gamma_{ai}^p g_{pj} + \sum_{p=1}^{2} \Gamma_{aj}^p g_{ip}$$

が得られます．そこで，(10)+(11)−(12) を考えて，対称性 $\Gamma_{ij}^p = \Gamma_{ji}^p$ に注意すると

$$\frac{\partial g_{ai}}{\partial u_j} + \frac{\partial g_{aj}}{\partial u_i} - \frac{\partial g_{ij}}{\partial u_a} = 2\sum_{p=1}^{2} \Gamma_{ij}^{p} g_{ap}$$

となります．この両辺に g^{ka} をかけて $\sum_{a=1}^{2}$ をとり，g^{ka} が g_{ka} の逆行列であることを用いると，(6)が得られます．

先生：和の記号を省略すると，ガウスの公式は，

$$\frac{\partial^2 S}{\partial u_i \partial u_j} = \Gamma_{ij}^{k} \frac{\partial S}{\partial u_k} + h_{ij} n$$

となり，ワインガルテンの公式は

$$\frac{\partial n}{\partial u_i} = -h_{ij} g^{jk} \frac{\partial S}{\partial u_k}$$

と書ける．

学生：同じ添え字に関しては和をとるわけですか．

先生：慣れてくると便利な慣習だ．このように，『上下に同じ添え字が来たときには和をとる記法により，和の記号を省略するルール』を**アインシュタインの規約**と呼ぶ．

学生：また，ダジャレを言うつもりじゃないでしょうね．

アインシュタイン

　曲線の場合は，フルネ-セレの公式により，曲線と曲率・捩率が対応していました．すなわち，曲線から曲率と捩率が定まり，逆に，与えられた関数を曲率・捩率にもつ曲線が（平行移動と回転の自由度を除いて）一意的に存在しました．

学生：曲線についてのフルネ-セレの公式に相当するのが，曲面についてのガウスの公式，ワインガルテンの公式でしたね．

先生：そのとおりだ．

8. 根差している風景 〜ガウスの公式とワインガルテンの公式

先生：そうすると，曲面の場合は，ガウスの公式とワインガルテンの公式により，曲面と第1基本量，第2基本量が対応しているのですか？

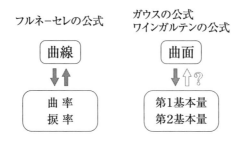

この疑問に対する解答が次の定理です．

行列 $\begin{pmatrix} g_{11} & g_{12} \\ g_{21} & g_{22} \end{pmatrix}$ が正定値であるような C^∞ 級関数 g_{ij}, h_{ij} ($i, j = 1, 2$) に対して，

　第1基本量が g_{ij} であり，第2基本量が h_{ij} であるような曲面が **局所的に存在するための必要十分条件**は，g_{ij} および h_{ij} が次の2つの方程式を満たすことである．

ガウス (Gauss) の方程式

$$\frac{\partial \Gamma^i_{jk}}{\partial u_l} - \frac{\partial \Gamma^i_{jl}}{\partial u_k} + \sum_{p=1}^{2} (\Gamma^p_{jk} \Gamma^i_{pl} - \Gamma^p_{jl} \Gamma^i_{pk})$$
$$= \sum_{p=1}^{2} (h_{jk} h_{lp} - h_{jl} h_{kp}) g^{pi}$$

コダッチ–マイナルディ (Codazzi–Mainardi) の方程式

$$\frac{\partial h_{ij}}{\partial u_k} - \frac{\partial h_{ik}}{\partial u_j} + \sum_{p=1}^{2} (\Gamma^p_{ij} h_{pk} - \Gamma^p_{ik} h_{pj}) = 0$$

ただし，Γ^i_{jk} は (6) で定義される接続係数である．

先生：曲面から第1基本量と第2基本量が定まるが，それらは『ガウスの方程式』と『コダッチ–マイナルディの方程式』を常に満たす．

学生：逆に，与えられた関数 g_{ij}, h_{ij} が『ガウスの方程式』と『コダッチ–マイナルディの方程式』を満たせば，それらを第1基本量，第2基本量と

する曲面が存在するわけですね．

先生：ガウスの公式 (5) とワインガルテンの公式 (7) は，第 1 基本量 g_{ij} と第 2 基本量 h_{ij} を係数とした偏微分方程式と見なすことができる．

学生：偏微分方程式としての未知関数は $\frac{\partial S}{\partial u_i}$, n ですね．

先生：『ガウスの方程式』と『コダッチ – マイナルディの方程式』は，『ガウスの公式』と『ワインガルテンの公式』を偏微分方程式と見たときの解が局所的に存在するための条件（必要十分条件）だ[5]．この意味で，『ガウスの方程式』と『コダッチ – マイナルディの方程式』を**積分可能条件**あるいは**可積分条件**という．

学生：積分可能条件？

先生：一般に，微分方程式の解が存在することを積分可能と呼び，存在するための条件のことを積分可能条件というからね．

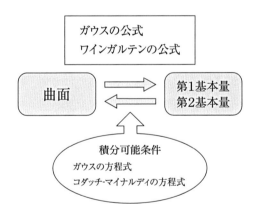

学生：今回はダジャレばかりでしたね．

先生：これは単なるダジャレではなくて，ガウスの公式やワインガルテンの公式などの用語を読者に印象づけるための教育的配慮に

書きたかっただけ…

---

[5] 解 $\frac{\partial S}{\partial u_i}$, n が存在するための条件ですが，$\frac{\partial S}{\partial u_i}$ と n が与えられると，これらをそれぞれ，接ベクトルと法ベクトルとする曲面 S が局所的に存在することが確かめられます．

8. 根差している風景 〜ガウスの公式とワインガルテンの公式

よるものだ．

学生：ホントですかぁ・・・．

練習問題 8.1　　　　　　　　　　　　　　　　　　　答えは 206 ページ

「ガウス」あるいは「ワインガルテン」という言葉を用いて，"ダジャレ"を作れ．

　　　　　　　　　　　　　　　　　　だじゃれ
　　　　　　　　　　　　　　　　　　【ダジャレ】
　　　　　　　　　　　　　　　　　　広い知識と深い考察により
　　　　　　　　　　　　　　　　　　醸成された表現のこと
　　　　　　　　　　　　　　　　　　　　　　　幸辞苑第 5 版

9. ガウス曲率の趣(おもむき)
～ ガウスの定理

ただひとつふたつなど
ほのかにうちひかりて
行くもをかし．

清少納言「枕草子」

学生：先生，こんにちは．

先生：あ，ちょうどいいところに来たね．今から，ガウス曲率のフルコースだ．

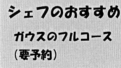 ← 準備万端

この章では，ガウス曲率を素材にした，いくつかの料理を少し味わってみましょう．

シェフのおすすめ
ガウスのフルコース
（要予約）

9.1 ガウスの定理

まず，ガウスの**料理**，もとい，ガウスの**定理**から始めましょう[1]．

> **ガウスの定理** 曲面のガウス曲率 K は，第 1 基本量 E, F, G のみで記述できる．

先生：要するに，**ガウス曲率は内在的量である**ということにほかならない．

学生：第 1 基本量と第 2 基本量で定義されたガウス曲率が，実は第 1 基本量だけで書けるということですね．

先生：ガウスもこの結果を発見したときは，驚いたみたいだよ．『驚異の定理』(theorema egregium) と書いたぐらいだから．

ガウスの定理の証明の概略は次のようになります．偏微分の可換性により成り立つ 3 つの自明な等式

(1)
$$\begin{cases} \dfrac{\partial}{\partial v}\left(\dfrac{\partial^2 S}{\partial u^2}\right) = \dfrac{\partial}{\partial u}\left(\dfrac{\partial^2 S}{\partial u\, \partial v}\right) \\ \dfrac{\partial}{\partial u}\left(\dfrac{\partial^2 S}{\partial v^2}\right) = \dfrac{\partial}{\partial v}\left(\dfrac{\partial^2 S}{\partial u\, \partial v}\right) \\ \dfrac{\partial}{\partial v}\left(\dfrac{\partial n}{\partial u}\right) = \dfrac{\partial}{\partial u}\left(\dfrac{\partial n}{\partial v}\right) \end{cases}$$

---

[1] 偉大な数学者ガウス (Gauss) は電磁気学でも有名です．昔は，磁束密度の単位は「ガウス (Gauss)」でしたが，今は，国際単位系になり，「テスラ (tesla)」が用いられています．1 テスラ＝1 万ガウスです．
　学生：先生，久しぶりに磁気治療器を買ったら，がっかりしました．
　先生：どうして？
　学生：磁束密度の単位が，昔は『ガウス』だったのに，今『テスラ』なんですよ．しかも，1 ガウス $= 0.1$ ミリテスラですよ．

に，ガウスの公式とワインガルテンの公式を代入し，偏微分を実行します．この結果に，さらに再び，ガウスの公式とワインガルテンの公式を代入して整理すると，上記の3つの等式はそれぞれ

$$A_1 \frac{\partial S}{\partial u} + B_1 \frac{\partial S}{\partial v} + C_1 n = 0$$

$$A_2 \frac{\partial S}{\partial u} + B_2 \frac{\partial S}{\partial v} + C_2 n = 0$$

$$A_3 \frac{\partial S}{\partial u} + B_3 \frac{\partial S}{\partial v} + C_3 n = 0$$

の形に書けます．ベクトル $\frac{\partial S}{\partial u}, \frac{\partial S}{\partial v}, n$ は線形独立であるので，

$$A_i = B_i = C_i = 0 \quad (i = 1, 2, 3)$$

となります．そこで，$A_2 = 0$ を具体的に計算することにより

(2) $$K = \frac{1}{G}\left(\frac{\partial \Gamma_{22}^1}{\partial u} - \frac{\partial \Gamma_{12}^1}{\partial v} + \Gamma_{22}^1 \Gamma_{11}^1 + \Gamma_{22}^1 \Gamma_{12}^1 - \Gamma_{12}^1 \Gamma_{21}^1 - \Gamma_{12}^2 \Gamma_{22}^1\right)$$

が得られます．ところが，接続係数 Γ_{ij}^k は，第1基本量だけで定まる量であるので，ガウス曲率 K は，第1基本量のみで書けることになります．

先生：ガウスの定理は，ガウスの公式とワインガルテンの公式を用いて，自明な等式 (1) から導かれる．
学生：実際に計算してみると，なかなか大変でした．ガウスもこんな計算をしたのですか？
先生：ガウスは計算が得意だったみたいだからね．
学生：いきなり，ボリュームのある濃厚なメインディッシュで満腹です．

9.2 ガウス曲率の具体的な表示

学生：ガウスの定理は，具体的には，等式(2)で表されていますね．
先生：この式は複雑なので，特別なパラメーターをとって，もう少し簡単な形で表してみよう．

9. ガウス曲率の趣 〜ガウスの定理

学生：特別なパラメーター？

先生：例えば，曲線の場合，弧長パラメーターをとると，議論が簡単になり，定理の記述が単純できれいな形になった．

学生：曲面の場合も，そのようなパラメーターがあるのですか？

先生：それが**等温パラメーター**だ．（48 ページ参照．）

等温パラメーター　第 1 基本量についての条件

(3) $$E = G, \quad F = 0$$

を満たすようなパラメーター u, v を**等温パラメーター**（isothermal parameter）と呼ぶ．

曲面 $S(u, v)$ に対して，第 1 基本量の定義から条件 (3) は

$$\left\|\frac{\partial S}{\partial u}\right\| = \left\|\frac{\partial S}{\partial v}\right\|, \quad \frac{\partial S}{\partial u} \cdot \frac{\partial S}{\partial v} = 0$$

となりますが，これは

$$\text{写像 } S(u, v) \text{ が等角写像である}$$

ということにほかなりません．

学生：曲面は等温パラメーター表示できるんですか？

先生：**局所的には**等温パラメーターで表すことができるが[2]，曲面全体を等温パラメーターで表せるかどうかは一般にはわからない．

学生：曲線の弧長パラメーターの場合と同じですか？

先生：曲線の場合は常に，曲線全体で弧長パラメーターがとれるので，少し状況が違う．

ガウス曲率の表示式 (2) を等温パラメーターで書き表すと，次のような簡単な形になります．

---

[2] 「局所的には」というのは，「曲面の各点の近傍で」という意味です．

等温パラメーターで表示された曲面のガウス曲率 K は，以下のように表せる．

$$
\begin{aligned}
K &= -\frac{1}{2E}\left\{\frac{\partial}{\partial u}\left(\frac{1}{E}\frac{\partial E}{\partial u}\right) + \frac{\partial}{\partial v}\left(\frac{1}{E}\frac{\partial E}{\partial v}\right)\right\} \\
&= -\frac{1}{2E}\left(\frac{\partial^2}{\partial u^2} + \frac{\partial^2}{\partial v^2}\right)\log E
\end{aligned}
\tag{4}
$$

温かみのある深い味わい

9.3 可展面

ガウス曲率は，可展面という性質を特徴づけることができます．

可展面の特徴づけ　曲面 S のガウス曲率について，次の2つの条件は同値である．
(a) $K = 0$（いたるところ）．
(b) S は可展面である．

学生：可展面って何ですか？
先生：『(局所的に)平面上に展開できる曲面』であるということだ．
学生：『展開できる』って，平面に広げられるということですか？
先生：そう，言いかえると，等長写像（長さを保つ写像）で平面にうつすことができるということだ．

9. ガウス曲率の趣　〜ガウスの定理

学生：確か，半径 r の球面のガウス曲率は $\dfrac{1}{r^2}$ だったので[3]，球面は可展面ではないわけですね．

先生：だから，球面である地球の上の世界地図を平面上に描くには無理がある．

学生：そのために，メルカトル図法とかランベルト図法とか，図法にはいろいろあるのですね．

先生：実は，**可展面は本質的に，柱面，錐面，接線曲面のいずれかである**ことが知られている[4]．可展面には，そのような曲面しかないということだ．

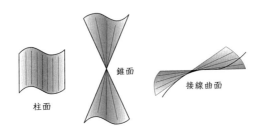

可展面は，この3種類に限る

学生：曲面の曲率には，ガウス曲率の他に，平均曲率というものもありましたね．

先生：ガウス曲率がいたるところゼロ ($K=0$) である曲面は，可展面しかないのに対し，平均曲率がいたるところゼロ ($H=0$) である曲面は**極小曲面**と呼ばれ，多くの例がある豊富な曲面のクラスだ．

---

[3] 91 ページの練習問題 7.2 の (1) で計算しました．

[4] **柱面**とは，平行な直線から構成される曲面のこと．
錐面とは，ある定まった点を通る直線から構成される曲面のこと．
接線曲面とは，ある曲線の接線の全体から構成される曲面のこと．
柱面，錐面，接線曲面はいずれも，線織曲面（直線から構成される曲面のことです．97 ページ参照．）の例になっています．また，「本質的に，柱面，錐面，接線曲面のいずれかである」というのは，一般の可展面はこの 3 種類の曲面から構成されているということです．

学生：ということは，平均曲率よりガウス曲率の方が強い条件を与えているわけですね．

練習問題 9.1 答えは 207 ページ

直線から構成される曲面（1-パラメーター直線族で構成される曲面）のことを線織曲面と呼ぶ．言いかえると，
$$S(u, v) = C(u) + v e(u) \quad (\|e(u)\| = 1)$$
という形に表される曲面のことである[5]．このとき，線織曲面に対して，次の2つの条件は同値であることを示せ．
(a) $K = 0$．
(b) S は本質的に，柱面，錐面，接線曲面のいずれかである．

お持ち帰り可

9.4 ガウス曲率の幾何学的意味

ガウス曲率は，ガウス写像と関係しています．

---

[5] 曲面 $S(u, v)$ は定義から，曲線 C 上の点 $C(u)$ を通る，ベクトル $e(u)$ の方向の直線から構成されています．

9. ガウス曲率の趣 〜ガウスの定理

> **ガウス曲率とガウス写像**
>
> (5) $$\frac{\partial \hat{n}}{\partial u} \times \frac{\partial \hat{n}}{\partial v} = K \frac{\partial S}{\partial u} \times \frac{\partial S}{\partial v}$$

この等式 (5) はワインガルテンの公式から得られます．実際，ガウス写像 $\hat{n}$ と法ベクトル n は始点の違いだけでベクトルとしては等しいことに注意して，左辺にワインガルテンの公式を代入し，計算すると右辺になります．

等式 (5) により，ガウス曲率の絶対値はガウス写像についての面積比の極限と見なすことができます．

> **ガウス曲率の幾何学的意味**
>
> 曲面 $S(u, v)$ の，(u_0, v_0) におけるガウス曲率 $K(u_0, v_0)$ について，
> $$K(u_0, v_0) \neq 0$$
> ならば
>
> (6) $$|K(u_0, v_0)| = \lim_{r \to +0} \frac{\hat{n}(B_r(u_0, v_0)) \text{の面積}}{S(B_r(u_0, v_0)) \text{の面積}}$$
>
> である．ここで，$B_r(u_0, v_0)$ は中心 (u_0, v_0)，半径 r の開円板であり
> $$S(B_r(u_0, v_0)) = \{S(u, v) \mid (u, v) \in B_r(u_0, v_0)\}$$
> $$\hat{n}(B_r(u_0, v_0)) = \{\hat{n}(u, v) \mid (u, v) \in B_r(u_0, v_0)\}$$
> であるとする．

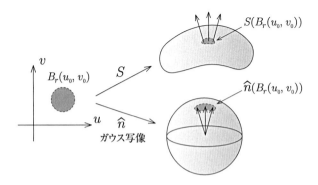

学生：$\hat{n}(B_r(u_0, v_0))$ の面積はどうやって計算するのですか？

先生：$\widehat{n}$ は，パラメーター (u, v) に対して $\mathbb{R}^3$ の点 $\widehat{n}(u, v)$ が定まるので，曲面と見なせる．このとき，曲面 $\widehat{n}$ に面積が考えられる．

学生：ただ，$\widehat{n}$ が曲面なら，

$$\text{接ベクトル } \frac{\partial \widehat{n}}{\partial u} \text{ と } \frac{\partial \widehat{n}}{\partial v} \text{ が線形独立である}$$

という条件が必要ですね．

先生：それは

$$\frac{\partial \widehat{n}}{\partial u} \times \frac{\partial \widehat{n}}{\partial v} \neq 0$$

という条件と同値だが，$K \neq 0$ という仮定があると成り立つ．実際，等式 (5) に注意すれば，S が曲面である条件

$$\frac{\partial S}{\partial u} \times \frac{\partial S}{\partial v} \neq 0$$

から導かれる[6]．

上記の定理は，以下のように示すことができます．記号の簡略化のため，$P_0 = (u_0, v_0)$ とおきます．このとき

(7)
$$S(B_r(P_0)) \text{の面積} = \iint_{B_r(P_0)} \left\| \frac{\partial S}{\partial u} \times \frac{\partial S}{\partial v} \right\| du dv$$

$$\widehat{n}(B_r(P_0)) \text{の面積} = \iint_{B_r(P_0)} \left\| \frac{\partial \widehat{n}}{\partial u} \times \frac{\partial \widehat{n}}{\partial v} \right\| du dv$$

です．また，積分の平均値の定理より，ある $P_1 \in B_r(P_0)$ が存在して

$$\iint_{B_r(P_0)} \left\| \frac{\partial \widehat{n}}{\partial u} \times \frac{\partial \widehat{n}}{\partial v} \right\| du dv = \left\| \frac{\partial \widehat{n}}{\partial u}(P_1) \times \frac{\partial \widehat{n}}{\partial v}(P_1) \right\| \iint_{B_r(P_0)} du dv$$

となります．同様に，ある $P_2 \in B_r(P_0)$ が存在して

$$\iint_{B_r(P_0)} \left\| \frac{\partial S}{\partial u} \times \frac{\partial S}{\partial v} \right\| du dv = \left\| \frac{\partial S}{\partial u}(P_2) \times \frac{\partial S}{\partial v}(P_2) \right\| \iint_{B_r(P_0)} du dv$$

となります．一方，等式 (5) の両辺のノルム（大きさ）をとると，

(8) $$\left\| \frac{\partial \widehat{n}}{\partial u} \times \frac{\partial \widehat{n}}{\partial v} \right\| = |K| \left\| \frac{\partial S}{\partial u} \times \frac{\partial S}{\partial v} \right\|$$

となります．したがって

---

[6] $K(u_0, v_0) \neq 0$ より，十分小さい半径の円板 $B_r(u_0, v_0)$ 上で $K \neq 0$ です．したがって，$\widehat{n}$ は，円板 $B_r(u_0, v_0)$ 上で曲面となります．$K(u_0, v_0) = 0$ の場合も，以下の証明の中の式 (7) により $\widehat{n}$ の面積を定義しておけば，(6) は成り立ちます．

$$\frac{\widehat{n}(B_r(P_0))\text{の面積}}{S(B_r(P_0))\text{の面積}} = \frac{\iint_{Br(P_0)} \left\| \frac{\partial \widehat{n}}{\partial u} \times \frac{\partial \widehat{n}}{\partial v} \right\| dudv}{\iint_{Br(P_0)} \left\| \frac{\partial S}{\partial u} \times \frac{\partial S}{\partial v} \right\| dudv}$$

$$= \frac{\left\| \frac{\partial \widehat{n}}{\partial u}(P_1) \times \frac{\partial \widehat{n}}{\partial v}(P_1) \right\|}{\left\| \frac{\partial S}{\partial u}(P_2) \times \frac{\partial S}{\partial v}(P_2) \right\|}$$

$$\stackrel{(8)\text{より}}{=} \frac{|K(P_1)| \left\| \frac{\partial S}{\partial u}(P_1) \times \frac{\partial S}{\partial v}(P_1) \right\|}{\left\| \frac{\partial S}{\partial u}(P_2) \times \frac{\partial S}{\partial v}(P_2) \right\|}$$

$$\xrightarrow{r \to 0} \frac{|K(P_0)| \left\| \frac{\partial S}{\partial u}(P_0) \times \frac{\partial S}{\partial v}(P_0) \right\|}{\left\| \frac{\partial S}{\partial u}(P_0) \times \frac{\partial S}{\partial v}(P_0) \right\|} = |K(P_0)|$$

($\because r \to 0$ のとき $P_1, P_2 \to P_0$)

となって，求める結論が得られます．

先生：今日はどうだった？

学生：食べ過ぎて，もう動けません．

先生：それじゃ，最後は喫茶店にしようか．

学生：…．

すぎたるはなおおよばざるがごとし
【過ぎたるは猶及ばざるが如し】
度を過ぎてしまったものは，
程度に達しないものと同じで
どちらも正しい中庸の道ではない．

広辞苑第5版

それじゃ、最後に
とんかつ定食大盛り
を3つ

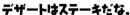

デザートはステーキだな。

満腹

10. 描かれた軌跡
〜 曲面上の曲線

メロスは村を出発し，
野を越え，山越え，
千里はなれた
此のシラクスの市にやってきた．

太宰治「走れメロス」

先生：今日は急いでいたので，裏の山を越えて，最短距離で来たよ．
学生：最短距離なら直線距離だから，トンネルを掘らないといけないのではないですか？

今回は曲面上の曲線の話です．曲面 $S(u,v)$ 上の曲線 $C(s)$ を考えます．このとき，

(1) $$C(s) = S(u(s), v(s))$$

と表せます．ここで，曲面のパラメーター $u(s)$, $v(s)$ は曲線のパラメーター s の関数です．

10.1 ダルブー・フレーム

曲線論では，曲線に沿ったムービング・フレーム (moving frame) を考

10. 描かれた軌跡 〜曲面上の曲線

え，曲線のパラメーターが動くとき，ムービング・フレームがどう動くかを記述するのがフルネ - セレの公式でした．曲面上の曲線の場合も，ムービング・フレームを考えますが，曲面と関連したムービング・フレームを用います．このムービング・フレームを**ダルブー・フレーム** (**Darboux frame**) と呼びます．以前解説したムービング・フレームを，ダルブー・フレームと区別するために，フルネ・フレーム (Frenet frame) と呼びます．

ダルブー・フレーム 曲面 $S(u, v)$ 上の曲線 $C(s)$ に対して，式 (1) のように表したとき

$$d_1(s) = C'(s)$$
$$d_3(s) = n(u(s), v(s))$$
$$d_2(s) = d_3(s) \times d_1(s)$$

とおき，これらのベクトルの組

$$d_1(s), d_2(s), d_3(s)$$

を曲線 $C(s)$ の**ダルブー・フレーム** (**Darboux frame**) と呼ぶ．

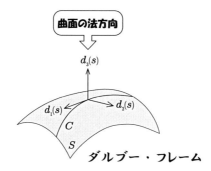

ダルブー・フレーム

学生： $d_2(s)$ より $d_3(s)$ の方を先に定義していますね．

先生： 順番がどうであるというより，ダルブー・フレームは，曲面と両立したムービング・フレームなので，

  $d_1(s), d_2(s)$ は曲面の接ベクトル

  $d_3(s)$ は曲面の法ベクトル

に取りたいということだ．

学生： 曲面の法ベクトルって $n(u, v)$ ですね．

先生：$d_1(s)$, $d_2(s)$, $d_3(s)$ の順番に取りたければ

$d_1(s)$ は曲線の接ベクトル

$d_2(s)$ は接平面上で，$d_1(s)$ を正の向きに $\frac{\pi}{2}$ だけ回転したもの

$d_3(s) = d_1(s) \times d_2(s) = n(u(s), v(s))$

とすれば良い．

学生：このとき，$d_1(s) \times d_2(s) = n(u(s), v(s))$ になるのはなぜですか？

先生：$d_1(s) \times d_2(s)$ は，曲面の法方向（接平面に直交する方向）のベクトルだ．

学生：$d_1(s) \times d_2(s) = -n(u(s), v(s))$ の可能性もありますね．

先生：曲面の向き（曲面の裏表），すなわち，接平面の向きは，次の2つのうち，いずれかを与えたと考えればよい．

（ⅰ）接平面上の(回転の)正の向き

（ⅱ）法ベクトル $n(u, v)$

この2つが，右手系の正規直交基底 $d_1(s)$, $d_2(s)$, $d_3(s)$ により，

（ⅰ）$d_1(s)$ から $d_2(s)$ への回転

（ⅱ）$d_3(s) = n(u(s), v(s))$

で対応している．

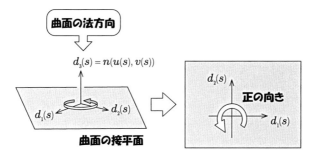

学生：ダルブー・フレームは，フルネ・フレームと同様に，曲線に沿った正規直交基底ですね．

先生：どちらもムービング・フレーム (moving frame) だ．ただ単に「ムービング・フレーム」というと，ふつうはフルネ・フレームのことだが．

学生：どちらも正規直交基底ならば，基底の変換ができるはずですね．

先生：ダルブー・フレームとフルネ・フレームには，次のような関係がある．

> **ダルフーフレームとフルネ・フレームの関係**
>
> (2) $\begin{pmatrix} d_1(s) \\ d_2(s) \\ d_3(s) \end{pmatrix} = \begin{pmatrix} 1 & 0 & 0 \\ 0 & \cos\theta(s) & -\sin\theta(s) \\ 0 & \sin\theta(s) & \cos\theta(s) \end{pmatrix} \begin{pmatrix} e_1(s) \\ e_2(s) \\ e_3(s) \end{pmatrix}$
>
> である．ここで，$\theta(s)$ は $e_2(s)$ と $d_2(s)$ がなす角度（$e_2(s)$ から $d_2(s)$ へ測った角度）とする．

上の関係式は，$d_1(s) = e_1(s)$ であることと，$d_1(s), d_2(s), d_3(s)$ と $e_1(s), e_2(s), e_3(s)$ が正規直交基底で右手系であることから得られます．実際，$e_2(s), e_3(s)$ と $d_2(s), d_3(s)$ は，$d_1(s) = e_1(s)$ に直交する平面（曲線の法平面）の正規直交基底であり，角度 $\theta(s)$ の回転で $e_2(s), e_3(s)$ をそれぞれ $d_2(s), d_3(s)$ にうつすことができます[1]．

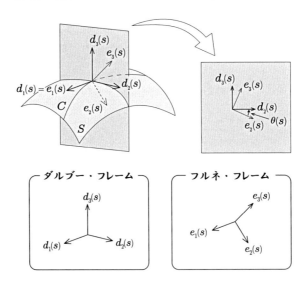

---

[1] 変換 (2) より直ちに，逆変換

(3) $\begin{pmatrix} e_1(s) \\ e_2(s) \\ e_3(s) \end{pmatrix} = \begin{pmatrix} 1 & 0 & 0 \\ 0 & \cos\theta(s) & \sin\theta(s) \\ 0 & -\sin\theta(s) & \cos\theta(s) \end{pmatrix} \begin{pmatrix} d_1(s) \\ d_2(s) \\ d_3(s) \end{pmatrix}$

が得られます．

先生：ダルブー・フレームは，フルネ・フレームを曲線の接方向を軸として回転したものだ．

学生：その角度が $\theta(s)$ ですね．

ダブルのフレーム

10.2 測地的曲率，法曲率，測地的捩率

先生：曲率と捩率はムービング・フレームを用いて定義された．

学生：フルネ・フレームの場合は

$$\kappa(s) = e_1'(s) \cdot e_2(s)$$
$$\tau(s) = e_2'(s) \cdot e_3(s)$$

でしたね．

先生：ダルブー・フレームで定義した曲率と捩率がそれぞれ，測地的曲率と測地的捩率だ．

> **測地的曲率，測地的捩率**　曲面 $S(u, v)$ 上の曲線 $C(s)$ に対して
> $$\kappa_g(s) = d_1'(s) \cdot d_2(s)$$
> $$\tau_g(s) = d_2'(s) \cdot d_3(s)$$
> とおき，それぞれ**測地的曲率** (geodesic curvature)，**測地的捩率** (geodesic torsion) と呼ぶ．

学生：フルネ・フレームでは，フルネ–セレの公式より $e_1'(s) =$

$\kappa(s)e_2(s)$ なので，$e_1'(s)$ は $e_2(s)$ の方向のベクトルでその大きさ（ノルム）が $\kappa(s)$ となります．

先生： $d_1'(s) = e_1'(s)$ の方向は $e_2(s)$ であって，$d_2(s)$ ではないので，$\kappa_g(s) = d_1'(s) \cdot d_2(s)$ は $d_1'(s)$ の大きさにならない．

学生： $\kappa_g(s) = d_1'(s) \cdot d_2(s)$ は $d_1'(s)$ の $d_2(s)$ の方向の成分ですね．

先生： $d_1'(s)$ は $d_1(s)$ とは直交するから，$d_1'(s)$ の残りの成分が $d_1'(s) \cdot d_3(s)$ となる．これを法曲率という．

> **法曲率** 曲面 $S(u,v)$ 上の曲線 $C(s)$ に対して
> $$\kappa_n(s) = d_1'(s) \cdot d_3(s)$$
> とおき，**法曲率**（normal curvature）と呼ぶ．

10.3 ダルブー・フレームとフルネ・フレームによる曲率・捩率の関係

ダルブー・フレームによる曲率は測地的曲率と法曲率であり，また，ダルブー・フレームによる捩率は測地的捩率でしたが，これらとフルネ・フレームによる曲率・捩率との関係について調べてみましょう．

> **曲率と捩率の関係**
> (4)
> $$\begin{cases} \kappa_g(s) = \kappa(s)\cos\theta(s) \\ \kappa_n(s) = \kappa(s)\sin\theta(s) \end{cases}$$
> 特に $\kappa(s)^2 = \kappa_g(s)^2 + \kappa_n(s)^2$
> (5) $\quad \tau_g(s) = \tau(s) - \theta'(s)$

> **練習問題 10.1** 答えは 209 ページ
> 上記の等式(4), (5)が成り立つことを示せ．

学生：（104 ページの脚注の）(3) より
$$e_2(s) = \cos\theta(s) d_2(s) + \sin\theta(s) d_3(s)$$
なので，この両辺に $\kappa(s)$ をかけると (4) より
(6) $\qquad \kappa(s) e_2(s) = \kappa_g(s) d_2(s) + \kappa_n(s) d_3(s)$
が得られます．

先生：(6) から，曲率 $\kappa(s)$ が，
$\qquad d_2(s)$ 方向の成分である測地的曲率 $\kappa_g(s)$ と
$\qquad d_3(s)$ 方向の成分である法曲率 $\kappa_n(s)$
に "直交分解" されている状況がわかる．

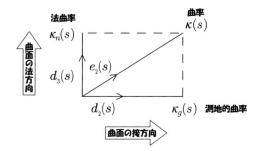

測地的曲率の体験

　法曲率は，曲面の法方向の，曲率の成分であり，曲面の第2基本量と関係があります．実際，以下のように表すことができます．

法曲率と第2基本量との関係

(7)
$$\kappa_n(s) = L\left(\frac{du}{ds}\right)^2 + 2M\frac{du}{ds}\frac{dv}{ds} + N\left(\frac{dv}{ds}\right)^2$$
$$= \left(\frac{du}{ds}, \frac{dv}{ds}\right)\begin{pmatrix} L & M \\ M & N \end{pmatrix}\begin{pmatrix} \frac{du}{ds} \\ \frac{dv}{ds} \end{pmatrix}$$

が成り立つ．ここで

$$L = L(u(s), v(s))$$
$$M = M(u(s), v(s))$$
$$N = N(u(s), v(s))$$

である．

練習問題 10.2

答えは210ページ

上記の等式(7)が成り立つことを示せ．

10.4 ダルブー・フレームによるフルネ–セレの公式

フルネ・フレームに対するフルネ–セレの公式は，ダルブー・フレームでは次のような形になります．

ダルブー・フレームによるフルネ–セレの公式

(8)
$$\frac{d}{ds}\begin{pmatrix} d_1(s) \\ d_2(s) \\ d_3(s) \end{pmatrix} = \begin{pmatrix} 0 & \kappa_g(s) & \kappa_n(s) \\ -\kappa_g(s) & 0 & \tau_g(s) \\ -\kappa_n(s) & -\tau_g(s) & 0 \end{pmatrix}\begin{pmatrix} d_1(s) \\ d_2(s) \\ d_3(s) \end{pmatrix}$$

学生：ダルブー・フレームでも，フルネ・フレームの場合と同様な形をしていて，係数行列が少し違うだけですね．

先生：フルネ・フレームの場合は，曲率と捩率を成分にもつ交代行列を係数としていたが，ダルブー・フレームでは，曲率 $\kappa(s)$ が測地的曲率 $\kappa_g(s)$ と法曲率 $\kappa_n(s)$ の2つに分解して係数に含まれている．

> **練習問題 10.3**　　　　　　　　　　　　　　答えは 211 ページ
>
> 上記の公式 (8) を証明せよ.

麗しきフルネーセレ

10.5　共変微分と曲率

曲面 S 上の曲線 $C(s)$ に対して，ベクトル $C'(s)$ を微分して得られるベクトル $C''(s)$ は，曲面 S の接平面上にあるかどうかは一般にはわかりません．そこで，曲線に対する共変微分 $\dfrac{D}{ds}$ を次のように定義します[2]．

> **曲線の共変微分**　「$C'(s)$ を微分してできるベクトル $\dfrac{d}{ds}C'(s)$」を，曲面 S のその点での接平面に射影したものを $\dfrac{D}{ds}C'(s)$ と書き，$C'(s)$ の共変微分 (covariant derivative) と呼ぶ[3]．

$$(9) \qquad \frac{D}{ds}C'(s) = \kappa_g(s) d_2(s)$$

---

[2] $\dfrac{D}{ds}$ という記法は，ミルナー (J. W. Milnor) によるものです．ミルナー「モース理論」(吉岡書店) の 50 ページを参照してください．

[3] 多様体上で定義されるベクトル場に対する共変微分 ∇ とは違い，$\dfrac{D}{ds}$ は曲線に沿うベクトル場に対する作用素です．

(9) は以下のように確かめられます．曲面の接平面は，ベクトル $d_1(s), d_2(s)$ を基底にもち，

$$\frac{D}{ds}C'(s) \cdot d_1(s) = C''(s) \cdot d_1(s) = d_1'(s) \cdot d_1(s) = 0$$

$$\frac{D}{ds}C'(s) \cdot d_2(s) = C''(s) \cdot d_2(s) = d_1'(s) \cdot d_2(s) = \kappa_g(s)$$

であることから，$\frac{D}{ds}C'(s) = \kappa_g(s)d_2(s)$ が得られます．

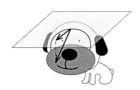

$\frac{D}{ds}C'(s) = 0$ を満たす曲線を**測地線** (geodesic) と呼びます．(9) より，測地線は測地的曲率 $\kappa_g(s)$ がゼロである曲線にほかなりません．

学生：測地線って何ですか？
先生：局所的に見ると，最短距離を与えている曲線のことだ．
学生：具体的な例ではどうなるのですか？
先生：平面上なら直線が，球面上なら大円が測地線になる．
学生：そ̇く̇ち̇せ̇ん̇はよ̇く̇見̇え̇ん̇です．
先生：…．

さきんずればひとをせいす
【先んずれば人を制す】
相手より先に事を行えば
優位に立つことができる

広辞苑第五版

11. 形態の理(ことわり)
~ ホテリングの定理

ヘルメスは,
男の正直なのを嘉(よみ)して
三つとも授けた.
「木樵(きこり)とヘルメス」

「イソップ寓話集」(岩波書店)

学生:先生,こんにちは. あっ,おいしそうなケーキですね.
先生:あげるよ,どれがいい?
学生:えーっと,全部.

今回は,曲線論の応用としてホテリングの定理を紹介しましょう.

11.1 金のカンヅメ? 銀のカンヅメ?
それとも鉄のカンヅメ?

湖から現れた女神は,次の問題を出しました.

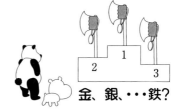

11. 形態の理　〜ホテリングの定理

問題　下図のように，3種類の「個性的な形の缶詰」に，砂金を詰めたものを差し上げます．あなたはどれを選びますか？

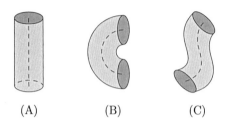

(A)　　　(B)　　　(C)

ただし，(A)，(B)，(C) において
 (1) 断面の円板の半径はすべて等しい
 (2) 中心線 (……) の長さはすべて等しい
とします．（断面の円板の中心の軌跡を中心線と呼ぶことにします．）

　少し考えてみてください．・・・では，解答です．

先生：要するに，(A)，(B)，(C) のうち，体積が最も大きいのはどれかということだ．
学生：(A) がたくさん入りそうな気がするけど・・・．
先生：実は，(A)，(B)，(C) はすべて同じ体積である，というのが答えだ．
学生：えっ？同じなんですか？

　この「答え」をどう感じたでしょうか．当然？それとも意外？この「答え」を保証するのが，今回のテーマとなるホテリング (Hotelling) の定理です．もう少し考えてみましょう．

先生：半径 r の円板 B を，円板の中心が半径 R の円 C に沿って回転してできたトーラス T の体積は，パップス–ギュルダン (Pappus–Guldin)

の定理により [1]

$$\text{トーラス } T \text{ の体積}$$
$$= (\text{円板 } B \text{ の面積}) \times (\text{円周 } C \text{ の長さ})$$
$$= \pi r^2 \times 2\pi R$$
$$= 2\pi^2 R r^2$$

となる．

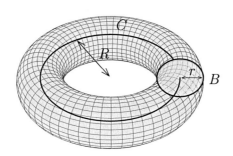

学生：要するに，

$$\text{体積} = \text{断面積} \times \text{中心線の長さ}$$

ということですね．

先生：中心線が円でなく，一般の曲線の場合にも成り立つというのがホテリングの定理だ．ホテリングの定理を正確に述べるために，『個性的な形の缶詰』をちゃんと定義しておく必要がある．それが，曲線の**管状近傍**の概念だ．

---

[1] パップス–ギュルダン（Pappus–Guldin）の定理は，「平面上の集合 A を回転してできる回転体の体積は，

$$(A \text{ の面積}) \times (A \text{ の重心が描く円周の長さ})$$

に等しい」という定理です．

弧長パラメーター s ($s\in[0, L]$) をもつ曲線 $C = C(s)$ に対して，曲線 C の半径 r の **管状近傍** $B_r(C)$ とは，曲線 C からの距離が r 以下の点の全体，すなわち，
$$B_r(C) = \{P = C(s) + ue_2(s) + ve_3(s) \in \mathbb{R}^3 \mid$$
$$0 \leq s \leq L,\ 0 \leq u^2 + v^2 \leq r^2\}$$
と定義する．ただし，$e_2(s)$, $e_3(s)$ はそれぞれ，曲線 $C(s)$ のムービング・フレーム（フルネ・フレーム）の第2基底，第3基底とする．

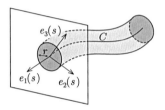
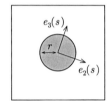

このとき，曲線の管状近傍の体積が，曲線の形によらずに，曲線の長さだけで決まるというのがホテリングの定理です．

ホテリング（Hotelling）の定理

$\mathbb{R}^3$ の曲線 C に対して，r が十分小さければ，

　　　管状近傍 $B_r(C)$ の体積
　　　　= (半径 r の円板の面積)×(曲線 C の長さ)

となる．

はじめの「個性的な形の缶詰」というのを，ある曲線の管状近傍と理解するならば[2]，ホテリングの定理により，缶詰の体積は，曲線の形によらずに，曲線の長さだけで決まります．したがって，どの缶詰を選んでも量は同じであることがわかります．

---

[2] ホテリングの定理は，「半径 r が十分小さければ」という仮定が入っています．したがって，管状近傍（tubular neighborhood）のイメージとしては，「缶詰」というより「チューブ」(tube) の方が適切です．ただ，砂金を詰めるのに「チューブ」より「缶詰」の方が，違いが認識しやすいと思い，「個性的な形の缶詰」にしました．

先生：どれを選んでも同じだよ．どれにする？
学生：全部．

それではホテリングの定理の証明に入りましょう．曲線論のフルネ–セレの公式を用います．

曲線 C の弧長パラメーターを $s\ (0 \leq s \leq L)$ とし，曲線 $C = C(s)$ のムービング・フレーム（フルネ・フレーム）を $e_1(s), e_2(s), e_3(s)$ とします．このとき，弧長パラメーターの定義から，L は曲線 C の長さとなります．管状近傍 $B_r(C)$ の任意の点 $P = (x, y, z)$ は，パラメーター $s \in [0, L]$ と，$0 \leq u^2 + v^2 \leq r$ を満たすパラメーター u, v を用いて

$$(1) \qquad P(s, u, v) = C(s) + ue_2(s) + ve_3(s)$$

と一意的に表せます[3]．そこで，パラメーター (s, u, v) からパラメーター (x, y, z) へのパラメーターの変換を考えます．このとき，このパラメーターの変換のヤコビアンは

$$(2) \qquad \frac{\partial(x, y, z)}{\partial(s, u, v)} = 1 - u\kappa$$

となります．ここで $\kappa = \kappa(s)$ は，曲線 $C(s)$ の曲率です．等式 (2) は以下のように証明されます．フルネ–セレの公式を用いると，

---

[3]「一意的に」という部分に，r が十分小さいことを用います．r が大きくなると，管状近傍は自己交差をもつようになり，自己交差点では 2 通り以上の表示をもつことになります．

$$\left(\frac{\partial x}{\partial s},\ \frac{\partial y}{\partial s},\ \frac{\partial z}{\partial s}\right)=\frac{\partial \mathrm{P}}{\partial s}$$

$$\stackrel{(1)}{=} C' + ue'_2 + ve'_3$$

$$\stackrel{\substack{\text{フルネーセレ}\\ \text{の公式}}}{=} e_1 + u(-\kappa e_1 + \tau e_3) + v(-\tau e_2)$$

$$= (1-u\kappa)e_1 - v\tau e_2 + u\tau e_3$$

となります．また，

$$\left(\frac{\partial x}{\partial u},\ \frac{\partial y}{\partial u},\ \frac{\partial z}{\partial u}\right)=\frac{\partial \mathrm{P}}{\partial u}\stackrel{(1)}{=} e_2$$

$$\left(\frac{\partial x}{\partial v},\ \frac{\partial y}{\partial v},\ \frac{\partial z}{\partial v}\right)=\frac{\partial \mathrm{P}}{\partial v}\stackrel{(1)}{=} e_3$$

です．以上から，

$$\frac{\partial(x,\ y,\ z)}{\partial(s,\ u,\ v)} = \det\begin{pmatrix} \frac{\partial x}{\partial s} & \frac{\partial y}{\partial s} & \frac{\partial z}{\partial s} \\ \frac{\partial x}{\partial u} & \frac{\partial y}{\partial u} & \frac{\partial z}{\partial u} \\ \frac{\partial x}{\partial v} & \frac{\partial y}{\partial v} & \frac{\partial z}{\partial v} \end{pmatrix}$$

$$= \det\begin{pmatrix} \frac{\partial \mathrm{P}}{\partial s} \\ \frac{\partial \mathrm{P}}{\partial u} \\ \frac{\partial \mathrm{P}}{\partial v} \end{pmatrix}$$

$$= \det\begin{pmatrix} (1-u\kappa)e_1 - v\tau e_2 + u\tau e_3 \\ e_2 \\ e_3 \end{pmatrix}$$

$$= \det\begin{pmatrix} (1-u\kappa)e_1 \\ e_2 \\ e_3 \end{pmatrix}$$

$$\left(\because \text{行列式の性質より}\ \det\begin{pmatrix} e_2 \\ e_2 \\ e_3 \end{pmatrix} = \det\begin{pmatrix} e_3 \\ e_2 \\ e_3 \end{pmatrix} = 0\right)$$

$$= (1-u\kappa)\det\begin{pmatrix} e_1 \\ e_2 \\ e_3 \end{pmatrix}$$

$$= 1 - u\kappa$$

となって，求める等式が得られます．

さて，定理の証明を続けましょう．等式(2)を用いると

$$\text{管状近傍 } B_r(C) \text{ の体積} = \iiint_{B_r(C)} dxdydz$$

$$\overset{\text{変数変換}}{=} \iiint_{\{(s,u,v) \mid {0 \le s \le L \atop u^2+v^2 \le r^2}\}} \frac{\partial(x, y, z)}{\partial(s, u, v)} dsdudv$$

$$\overset{(2)}{=} \int_0^L \iint_{\{(u,v) \mid u^2+v^2 \le r^2\}} (1-u\kappa) dudvds$$

$$= \int_0^L ds \iint_{\{(u,v) \mid u^2+v^2 \le r^2\}} dudv - \int_0^L \kappa ds \iint_{\{(u,v) \mid u^2+v^2 \le r^2\}} ududv$$

$$= \pi r^2 L$$

$$= (\text{半径 } r \text{ の円板の面積}) \times (\text{曲線 } C \text{ の長さ})$$

となります．最後から2つめの等式では $\iint_{\{(u,v) \mid u^2+v^2 \le r^2\}} ududv = 0$ であることを用いました[4]．以上で，ホテリングの定理が証明されました．

学生：食べてみたら，どれも同じでした．ホテリングの定理がよくわかりました．
先生：フルーツケーキと，ショコラと，チーズケーキで，中身はすべて違っていたんだがな・・・．

量(quantity)
立派に質の代用をしてくれるもの
　　　　　ピアス「悪魔の辞典」(岩波書店)

それでは，最後に練習問題を1つ．

---

[4] 関数 $f(u) = u$ が奇関数 ($f(-u) = -f(u)$) であることから直ちに得られます．あるいは，極座標への変数変換 $u = r\cos\theta$, $v = r\sin\theta$ を用いても，容易に確かめられます．

練習問題 11.1

答えは 212 ページ

ホテリングの定理は管状近傍の体積に関する結果であったが，管状近傍の表面積について，以下のような定理が成り立つことを証明せよ．
$\mathbb{R}^3$ の中の曲線 C に対して，管状近傍の境界 $\partial B_r(C)$ の両端の円板 D_1, D_2 を除いた部分を $S_r(C)$ とおく．このとき，r が十分小さければ，

$S_r(C)$ の面積 =（半径 r の円周の長さ）×（曲線 C の長さ）

を満たす．

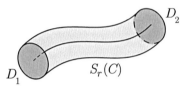

ヒント． $S_r(C)$ の任意の点 P は，曲線 C の弧長パラメーター s とパラメーター θ $(0 \leqq \theta < 2\pi)$ を用いて

(3) $\qquad P(s, \theta) = C(s) + r\cos\theta\, e_2(s) + r\sin\theta\, e_2(s)$

と表される．

先生：ホテリングの定理はどうだった？
学生：世の中，すべて同じ量なんだとわかりました．
先生：それは異口同量だな

【異口同音】
多くの人が口をそろえて同じことを言うこと．
多くの人の説が一致すること

広辞苑第 5 版

12. 重層の嵩(かさ)
～ ワイルの定理

> 形に因(よ)りて
> 勝を錯(あた)くも
> 衆は知ることを能わず
>
> 「孫子」

学生：先生，こんにちは．あっ，サンドイッチですか．
先生：ハムと卵と野菜のハーモニーがいいんだ．
学生：ぶ厚いサンドイッチですね．手に持つのも大変だ・・・あっ

　　前回は，曲線を太らせた集合である管状近傍の体積が，「曲線の長さ×断面の円板の面積」であるというホテリングの定理を勉強しました．今回は，曲面に厚みを持たせた集合の体積がどのように表されるかを調べてみましょう．

> 世のありさまあはれにはかなく
> 移り変わることのみ多かり
> 　　　　　紫式部「源氏物語」

変形した昼食

12.1 ワイルの定理

まず,曲面に厚みをもたせた「曲面の近傍」を定義しておきましょう.

曲面の近傍　パラメーター u, v $(u, v \in D)$ をもつ曲面 $S = S(u, v)$ に対して,曲面 S の,サイズ r の近傍 $U_r(S)$ とは,曲面 S からの距離が r 以下の点の全体,すなわち,
$$U_r(S) = \{S(u, v) + tn(u, v) \mid (u, v) \in D, \ -r \leq t \leq r\}$$
であるとする.ただし,$n(u, v)$ は曲面 S の単位法線ベクトルである.

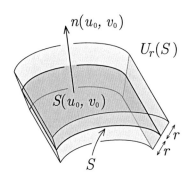

このとき,曲面の近傍の体積は,次のようになります.

ワイル (Weyl) の定理　曲面 S に対して,正の数 r が十分小さければ,
曲面 S の近傍 $U_r(S)$ の体積
$$= (S \text{の面積}) \times 2r + \frac{2}{3} r^3 \iint_D K d\omega$$
である.ここで,K は曲面 S のガウス曲率で,$d\omega$ は S の面積要素,すなわち,$d\omega = \sqrt{EG - F^2}\, dudv$ とする.(E, F, G は曲面の第1基本量である.)

学生：さきほどは，申しわけありませんでした．

先生：もういいよ．昼食はさっき，弁当買ってきたから．

学生：おいしそうな弁当ですね．・・・あっ

学生：重ね重ね申しわけありません．

先生：もういいよ．気を取り直して，ワイルの定理をながめてみよう．

学生：ワイルの定理では，体積は曲面の形によらないというわけではないんですね．

先生：曲面の形で決まる右辺の第2項は，ガウス曲率の積分であることを覚えておいてください．

体積の移り変わるこそ
ものごとのあはれなれ
吉田健康「くれぐれ草」

ワイルの定理の証明を見てみましょう．曲面 S の近傍 $U_r(S)$ の任意の点 $P=(x, y, z)$ は，曲面 S のパラメーター u, v と厚み方向のパラメーター t を用いて，

(1) $$P(u, v, t) = S(u, v) + tn(u, v)$$

と一意的に表せます[1]．そこで，パラメーター (u, v, t) からパラメーター (x, y, z) への変換を考えます．このとき，パラメーター変換のヤコビアンは

---

[1] 「一意的」というところに，r が十分小さいという仮定を用います．

12. 重層の嵩　～ワイルの定理

(2) $$\frac{\partial(x,y,z)}{\partial(u,v,t)} = (1-2tH+t^2K)\sqrt{EG-F^2}$$

となります．ここで，H, K はそれぞれ，曲面 S の平均曲率，ガウス曲率であり，E, F, G は曲面の第 1 基本量です．等式 (2) は以下のように証明されます．ワインガルテンの公式で現れた行列 $-\mathcal{H}\mathcal{G}^{-1}$ を

$$-\mathcal{H}\mathcal{G}^{-1} = \begin{pmatrix} a & b \\ c & d \end{pmatrix}$$

と表すことにすると，ワインガルテンの公式は

$$\begin{pmatrix} \frac{\partial n}{\partial u} \\ \frac{\partial n}{\partial v} \end{pmatrix} = \begin{pmatrix} a & b \\ c & d \end{pmatrix} \begin{pmatrix} \frac{\partial S}{\partial u} \\ \frac{\partial S}{\partial v} \end{pmatrix}$$

と書けます．このとき

$$\left(\frac{\partial x}{\partial u}, \frac{\partial y}{\partial u}, \frac{\partial z}{\partial u}\right) = \frac{\partial \mathrm{P}}{\partial u} = \frac{\partial S}{\partial u} + t\frac{\partial n}{\partial u}$$
$$= \frac{\partial S}{\partial u} + t\left(a\frac{\partial S}{\partial u} + b\frac{\partial S}{\partial v}\right)$$
$$= (1+ta)\frac{\partial S}{\partial u} + tb\frac{\partial S}{\partial v}$$

$$\left(\frac{\partial x}{\partial v}, \frac{\partial y}{\partial v}, \frac{\partial z}{\partial v}\right) = \frac{\partial \mathrm{P}}{\partial v} = \frac{\partial S}{\partial v} + t\frac{\partial n}{\partial v}$$
$$= \frac{\partial S}{\partial v} + t\left(c\frac{\partial S}{\partial u} + d\frac{\partial S}{\partial v}\right)$$
$$= tc\frac{\partial S}{\partial u} + (1+td)\frac{\partial S}{\partial v}$$

$$\left(\frac{\partial x}{\partial t}, \frac{\partial y}{\partial t}, \frac{\partial z}{\partial t}\right) = \frac{\partial \mathrm{P}}{\partial t} = n$$

となり，したがって

$$\begin{pmatrix} \frac{\partial P}{\partial u} \\ \frac{\partial P}{\partial v} \\ \frac{\partial P}{\partial t} \end{pmatrix} = \begin{pmatrix} \frac{\partial x}{\partial u} & \frac{\partial y}{\partial u} & \frac{\partial z}{\partial u} \\ \frac{\partial x}{\partial v} & \frac{\partial y}{\partial v} & \frac{\partial z}{\partial v} \\ \frac{\partial x}{\partial t} & \frac{\partial y}{\partial t} & \frac{\partial z}{\partial t} \end{pmatrix}$$
$$= \begin{pmatrix} (1+ta)\frac{\partial S}{\partial u} + tb\frac{\partial S}{\partial v} \\ tc\frac{\partial S}{\partial u} + (1+td)\frac{\partial S}{\partial v} \\ n \end{pmatrix}$$
$$= \begin{pmatrix} 1+ta & tb & 0 \\ tc & 1+td & 0 \\ 0 & 0 & 1 \end{pmatrix} \begin{pmatrix} \frac{\partial S}{\partial u} \\ \frac{\partial S}{\partial v} \\ n \end{pmatrix}$$

となります[2]．ゆえに

$$\frac{\partial(x,\ y,\ z)}{\partial(u,\ v,\ t)} = \det\begin{pmatrix}\frac{\partial P}{\partial u}\\ \frac{\partial P}{\partial v}\\ \frac{\partial P}{\partial t}\end{pmatrix}$$

$$= \det\left\{\begin{pmatrix}1+ta & tb & 0\\ tc & 1+td & 0\\ 0 & 0 & 1\end{pmatrix}\begin{pmatrix}\frac{\partial S}{\partial u}\\ \frac{\partial S}{\partial v}\\ n\end{pmatrix}\right\}$$

$$= \det\begin{pmatrix}1+ta & tb & 0\\ tc & 1+td & 0\\ 0 & 0 & 1\end{pmatrix}\det\begin{pmatrix}\frac{\partial S}{\partial u}\\ \frac{\partial S}{\partial v}\\ n\end{pmatrix}$$

$$= \det\begin{pmatrix}1+ta & tb\\ tc & 1+td\end{pmatrix}\left(\frac{\partial S}{\partial u}\times\frac{\partial S}{\partial v}\right)\cdot n$$

$$(\because\ \text{一般的等式}\ \det(\boldsymbol{a},\ \boldsymbol{b},\ \boldsymbol{c}) = (\boldsymbol{a}\times\boldsymbol{b})\cdot\boldsymbol{c})$$

$$= \det\left\{\begin{pmatrix}1 & 0\\ 0 & 1\end{pmatrix}+t\begin{pmatrix}a & b\\ c & d\end{pmatrix}\right\}\sqrt{EG-F^2}$$

$$\left(\begin{array}{l}\because\ n\ \text{の定義より}\ \left(\frac{\partial S}{\partial u}\times\frac{\partial S}{\partial v}\right)\cdot n = \left\|\frac{\partial S}{\partial u}\times\frac{\partial S}{\partial v}\right\|\\ = \sqrt{\left\|\frac{\partial S}{\partial u}\right\|^2\left\|\frac{\partial S}{\partial v}\right\|^2-\left(\frac{\partial S}{\partial v}\cdot\frac{\partial S}{\partial v}\right)^2} = \sqrt{EG-F^2}\end{array}\right)$$

$$= \det(\mathrm{I}-t\mathcal{H}\mathcal{G}^{-1})\sqrt{EG-F^2}$$

$$= (1-t\,\mathrm{tr}(\mathcal{H}\mathcal{G}^{-1})+t^2\det(\mathcal{H}\mathcal{G}^{-1}))\sqrt{EG-F^2}$$

$$\left(\begin{array}{l}\because\ 2\ \text{次の正方行列}\ A\ \text{に対する一般的等式}\\ \det(\mathrm{I}-tA) = 1-t\,\mathrm{tr}\,A+t^2\det A\end{array}\right)$$

$$= (1-2tH+t^2K)\sqrt{EG-F^2}.$$

以上で，等式(2)が確かめられました．さて，ワイルの定理の証明を続けましょう．等式(2)を用いると，

$$dxdydz \overset{\text{変数変換}}{=} \frac{\partial(x,\ y,\ z)}{\partial(u,\ v,\ t)}dudvdt$$

$$= (1-2tH+t^2K)\sqrt{EG-F^2}\,dudvdt$$

$$= (1-2tH+t^2K)d\omega dt$$

---

[2] $\frac{\partial S}{\partial u}$, $\frac{\partial S}{\partial v}$, n はそれぞれ 3 次元（横）ベクトルなので，$\begin{pmatrix}\frac{\partial S}{\partial u}\\ \frac{\partial S}{\partial v}\\ n\end{pmatrix}$ はそれらを縦に並べてできた 3 次の正方行列です．また，最後の等式の右辺は，2 つの 3 次正方行列の積です．

となるので

　　曲面 S の近傍 $U_r(S)$ の体積

$$\begin{aligned}
&= \iiint_{U_r(S)} dxdydz \\
&= \int_{-r}^{r} \iint_D (1-2tH+t^2K)d\omega\, dt \\
&= \int_{-r}^{r} dt \iint_D d\omega - 2\int_{-r}^{r} t dt \iint_D H d\omega + \int_{-r}^{r} t^2 dt \iint_D K d\omega \\
&= 2r \iint_D d\omega - 0 \times \iint_D H d\omega + \frac{2}{3}r^3 \iint_D K d\omega \\
&= (S の面積) \times 2r + \frac{2}{3}r^3 \iint_D K d\omega
\end{aligned}$$

となります[3]．以上でワイルの定理が証明されました．

学生：ワイルの定理に出てくるガウス曲率の積分とは何なんですか？

先生：ガウス–ボネの定理というのがあって，ガウス曲率の積分は，球面やトーラスのような閉曲面に対しては，オイラー数に 2π をかけたものに等しいことがわかる．

学生：オイラー数ですか？

先生：『多面体のオイラー数』なら知っているだろ．

学生：曲面についても定義できるんですか？

先生：定義できる．実際に計算するときは，曲面を単体分割（3角形分割）して，頂点・辺・面の個数を数えるんだ．

学生：ということは，曲面のオイラー数も整数値ですね．

先生：しかも，曲面の位相型だけで決まる．したがって，ワイルの定理は，位相型が同じ閉曲面に対しては，曲面の近傍の体積が曲面の面積と厚みだけで決まることを示している．

では，最後に練習問題を．

練習問題 12.1　　　　　　　　　　　　　　　　　答えは214ページ

パラメーター $u, v\, (u, v \in D)$ をもつ曲面 $S = S(u, v)$ に対して，曲

---

[3] 2つめの等式は，r が十分小さいことが必要です．

面 S に対して，法ベクトル n の方向に距離 r だけ移動した曲面 $S_r = S_r(u, v)$ を

(3) $\quad S_r(u, v) = S(u, v) + rn(u, v) \quad ((u, v) \in D)$

と定義する[4]．このとき，十分小さい正の数 r に対して

(4) $\quad$ 曲面 S_r の面積 $=$ 曲面 S の面積 $- 2r \iint_D H d\omega + O(r^2)$

であることを示せ．ここで，$O(r^2)$ は r の 2 次以上のオーダーの項を表している（ランダウの記号）[5]．

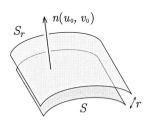

学生：曲面 S_r の面積には，平均曲率の積分が出てきますね．

先生：曲面の面積と平均曲率には重要な関係があり，等式 (4) はその特別な場合を示している．

学生：関係ですか？

先生：曲面 S_r の面積を $A(S_r)$ で表すと，(4) より

$$\left. \frac{dA(S_r)}{dr} \right|_{r=0} = \lim_{r \to 0} \frac{A(S_r) - A(S)}{r} = -2 \int_D H d\omega$$

となる．これは，曲面の面積の変化率が平均曲率の積分で記述できることを示している．

学生：そうすると，例えば，曲面 S の面積が最小であれば[6]，r の関数

---

[4] 曲面 S_r (の像) はワイルの定理の，サイズ r の近傍 $U_r(S)$ の境界の一部と見ることができます．

[5] $O(r^2)$ で表される項 $f(r)$ は，$\frac{|f(r)|}{r^2}$ が $r=0$ の近傍で有界であることを意味します．

[6] 曲面を "自由に" 動かして良いなら，一点に縮めていくと面積が小さくなりますから，「境界を固定する」などの条件の下での最小ということです．

$A(S_r)$ は $r=0$ で最小値をとり，したがって $\left.\dfrac{dA(S_r)}{dr}\right|_{r=0}=0$ を満たすわけですね．

先生：(3) を曲面 S の変分と呼ぶんだ．φ を D 上の任意の関数として[7]
$$S_{\varphi,r}=S+r\varphi n$$
という，もう少し一般の変分を考えると，面積の第 1 変分公式
$$\left.\dfrac{dA(S_{\varphi,r})}{dr}\right|_{r=0}=-2\int_D H\varphi d\omega$$
が得られる．

学生：面積が最小であれば，第 1 変分がゼロ，すなわち，D 上の任意の関数 φ に対して $\int_D H\varphi d\omega=0$ となりますね．

先生：これから，平均曲率 H はいたるところゼロになる．

学生：極小曲面ですね[8]．

先生：したがって，面積最小な曲面は極小曲面であるということになります．

学生：さきほどは大変申しわけありませんでした．なんとおわびして良いか・・・．

先生：もういいよ．またさっき売店でパンを買ってきたから・・・．

学生：これはおいしそうなパンですね・・・あっ．

にどあることはさんどある
【二度あることは三度ある】
二度あったことは必ずもう一度繰り返されるものである．特に，悪い事は繰り返し起るから注意せよということ．

---

[7] 上記の脚注の「境界を固定する」という条件がつけば，「∂D 上で $\varphi=0$ であるという性質をもつ D 上の任意の関数」になります．

[8] 96 ページを参照してください．

13. 幾何学対象の一般的概念
～ 多様体

> この地球では
> 人間の占める場所は
> ごくわずかなものなのだ．
>
> サン＝テグジュペリ
> 「星の王子さま」（新潮文庫）

学生：先生，こんにちは．何を読んでおられるのですか？

先生：『星の王子さま』を読み返してみたんだが，なんかいいなあ．

先生：先生，幸せな人生ですね．

　今回と次回の2回で，曲線や曲面の一般化である多様体の概要を紹介しましょう．2回ですべてを解説するのは無理ですので，多様体に興味をもった人や，これから多様体を勉強してみようという人のために，「なぜこう定義するのか」という動機づけを中心に解説することにします．

13.1 多様体 ──局所座標と座標変換のシステム

　曲線や曲面はパラメーター表示され，パラメーターの数が次元を表していました．また，これまであつかってきたのは，3次元ユークリッド空

間 $\mathbb{R}^3$ の曲線や曲面で，$\mathbb{R}^3$ という外側の空間があることを仮定していました．多様体は，もっと一般的な設定で抽象的に定義されます．外側の空間の存在は仮定しません．n 次元の幾何学的対象をどう定義するか．パラメーターで点を指定するという考え方には代わりはありません．多様体の場合はパラメーター表示に相当するものとして，局所座標というものをとります．大ざっぱに言って，多様体というのは，局所座標が与えられた対象のことをいいます．

まず，局所座標の説明から始めましょう．集合 M には「位相」が与えられており，位相空間であるとします．さらに，単なる位相空間でなくて，ハウスドルフ空間であるものとします．

学生：位相空間？
先生：連続性を議論するために最低限必要な条件を与えた集合のことだ．
学生：連続性ということは，ある点がある点に近づくという状況を定義するということですか？
先生：そのために必要なのは，2 点間の『距離』ではなく，『近さ』の概念だ．『近さ』の概念を定めたものが位相空間と呼ばれるものになる[1]．
学生：さらに，ハウスドルフ空間？
先生：今は，多様体の定義に必要なものが仮定されているという程度に思っておけばよい[2]．
学生：多様体としての大前提と思っておけば良いのですね．
先生：多様体は非常に一般的な設定で定義されているので，そういう仮定が必要になっている．でも，多様体の定義で重要なのは，次にあげる局所座標の方だ．

---

[1] 162 ページの「位相空間の基本事項」を参照してください．

[2] 163 ページの「ハウスドルフ空間」の説明を参照してください．

局所座標 位相空間 M 上の n 次元**局所座標** (local coordinate) (U, φ) とは，M の開集合 U と U から n 次元ユークリッド空間 $\mathbb{R}^n$ の開集合 O への同相写像

$$\varphi : U \to O$$

のことである．

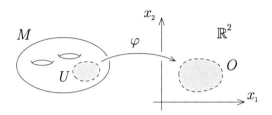

学生：同相写像？

先生：同相写像というのは，写像が逆写像をもち，その写像もその逆写像も連続であるような写像のことだ．言いかえると，連続写像のカテゴリーで逆写像が存在するような写像にほかならない．

学生：φ が局所座標なのですか？

先生：U の点 P に対して，$\varphi(\mathrm{P})$ は $\mathbb{R}^n$ の点なので

$$\varphi(\mathrm{P}) = (x_1, \cdots, x_n)$$

と表せる．$(x_1, \cdots, x_n)$ が点 P の (局所) 座標だ．

学生：φ は逆写像をもつから，U 上では一意的に表せるんですね．

先生：逆写像

$$
\begin{array}{ccc}
\varphi^{-1} : & O & \longrightarrow & U \\
& \cup & & \cup \\
& (x_1, \cdots, x_n) & \longmapsto & \varphi^{-1}(x_1, \cdots, x_n)
\end{array}
$$

を考えると，U 上の点を φ^{-1} により，$\mathbb{R}^n$ の領域 O をパラメーター領域としてパラメーター表示したと見ることもできる．

学生：φ に微分可能性を仮定しないのですか？

先生：M は単なる位相空間だから，微分可能性が定義できない．多様体の微分可能性は，次にあげる 2 つの局所座標の間の座標変換の微分可能性に帰

着される．

> **座標変換** 位相空間 M 上の2つの n 次元局所座標 $(U_1, \varphi_1), (U_2, \varphi_2)$ に対して，$U_1 \cap U_2 \neq \emptyset$ のとき，写像
> $$\varphi_2 \circ \varphi_1^{-1} : \varphi_1(U_1 \cap U_2) \longrightarrow \varphi_2(U_1 \cap U_2)$$
> $$\cup \qquad\qquad\qquad \cup$$
> $$(x_1, \cdots, x_n) \longmapsto \varphi_2 \circ \varphi_1^{-1}(x_1, \cdots, x_n)$$
> を**座標変換**と呼ぶ．

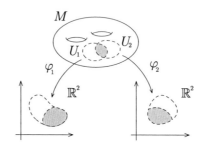

学生：なぜ局所座標なのですか？

先生：例えば，種数2の閉曲面を考えてみると[3]，これはどう見ても，$\mathbb{R}^2$ の領域(開集合)から局所座標で一意的に表示することは不可能だ．

学生：全体を1つの座標で一意的に表示をしようとするのは無理があるのでしょうか．

先生：1つの座標で表示するのは無理だが，複数の座標を用いると良い．各座標は『大域的(global)』ではなく，『局所的(local)』になる．

学生：そうすると，2つの局所座標の間の座標変換を考える必要がありますね．

---

[3] 向きづけ可能な曲面（簡単に言えば，「表と裏の区別のある曲面」）で考えたとき，「種数2の曲面」は，「2人乗りの浮き輪」のような曲面です．

種数0の閉曲面
(球面)

種数1の閉曲面
(トーラス)

種数2の閉曲面

先生：座標変換は $\mathbb{R}^n$ の領域から $\mathbb{R}^n$ の領域への写像だから，微分可能性はすでに定義されている．そこで，次のように局所座標系が定義される．

C^r 級局所座標系　　$r = 0, 1, 2, \cdots, \infty$ とする．
位相空間 M 上の n 次元 **C^r 級局所座標系 (local coordinate system)**
$\{(U_i, \varphi_i)\}$ とは，次のような M 上の局所座標の集合のことをいう．
（ⅰ）$M = \bigcup_i U_i$
（ⅱ）すべての座標変換
$$\varphi_i \circ \varphi_j^{-1} : \varphi_i(U_i \cap U_j) \longrightarrow \varphi_j(U_i \cap U_j)$$
　　が C^r 級である．

学生：C^r 級って何ですか？
先生：r 回微分可能であって，第 r 階導関数が連続な写像のクラスだ．
学生：微分幾何学では，何回でも微分できる，すなわち，C^∞ 級であることが前提であったのでは？
先生：その通りだ．重要なのは $r = 0$ と $r = \infty$ の場合で

C^0 級 = 連続な (continuous)

C^∞ 級 = なめらかな (smooth)

ということだ．

さて，局所座標系により多様体を定義しましょう．

> **多様体** $r=0,1,2,\cdots,\infty$ とする．n 次元 C^r 級多様体 $(M,\{(U_i,\varphi_i)\})$ とは，次の2つの条件を満たすものをいう：
>
> （ⅰ）M は位相空間である．さらに，ハウスドルフ空間であるという条件がついている．
>
> （ⅱ）$\{(U_i,\varphi_i)\}$ は M 上の n 次元 C^r 級局所座標系である．

先生：$r=0$ と $r=\infty$ の場合はそれぞれ，

　C^0 級多様体 = **位相多様体**（**topological manifold**）

　C^∞ 級多様体 = **微分可能多様体**（**differentiable manifold**）

　　　　　　あるいは

　　　　　　なめらかな多様体（**smooth manifold**）

と呼ぶ．

学生：微分幾何学では C^∞ 級ですよね．

先生：微分幾何学でというより，多様体というと，ふつうは C^∞ 級多様体のことだと思っておいて良い．

以下，C^∞ 級多様体，すなわち，微分可能多様体のことを単に多様体と呼ぶことにしましょう．

多様体とは，
整合性のある座標変換をもつ
局所座標のシステムのことである．

13.2 微分構造 ──微分可能性の先験的(ア・プリオリ)概念

C^r 級の局所座標系を与えることを C^r 級の微分構造を入れると呼びます．局所座標系の取り方は千差万別であり，その取り方によって結果が変わってしまうのでは，はなはだ心許(こころもと)ないことになります．局所座標系の取り方によらない普遍な性質をあつかうことが重要となります．このような局所座標系の取り方によらない「C^r 級」という多様体の構造を**微分構造**と

呼びます．微分構造は多様体が本質的にもっている普遍的な性質で，抽象的な内容です．

微分構造は，ふつう次のように局所座標系の同値類として定義します．M の2つの局所座標系 $\{(U_i, \varphi_i)\}$, $\{(V_j, \psi_j)\}$ に対して，それらの和集合 $\{(U_i, \varphi_i),(V_j, \psi_j)\}$ も再び M の局所座標系を与えるとき，この2つの局所座標系 $\{(U_i, \varphi_i)\}$, $\{(V_j, \psi_j)\}$ は M に同じ微分構造を与えると定義します．これは局所座標系の集まりに同値関係を定めることが確かめられます．M の微分構造は，この同値関係による同値類として定義されます[4]．

数学とは，**対象**と**構造**をあつかう学問です．例えば，

集合 ＋ 代数構造 ＝ 代数的対象
　　　（代数演算）　（群，環，体など）

集合 ＋ 位相構造 ＝ 位相空間
　　　（連続性）

集合 ＋ 微分構造 ＝ 微分多様体
　　　（微分）

となります．上の例の最後にある「**集合に微分構造を付け加えたもの**」が，**微分可能多様体**と呼ばれるもので，微分幾何学における議論の対象や母体となるものです．多様体は，局所座標系を与えたというより，微分構造を与えたものなので，"多様体 $(M, \{(U_i, \varphi_i)\})$" のことを単に "多様体 M" と呼ぶことが多いです．

いずれにせよ，局所座標系と微分構造の関係は次のようになります．

（ⅰ）微分構造は抽象的・普遍的なものであり，局所座標系はあくまで，微分構造を入れるための手段に過ぎない．

（ⅱ）しかし，運用上は，微分構造というのは「絵に描いたもち」であり，実際には，局所座標系を用いて計算したり，議論する必要がある．

微分幾何学では，多様体上で議論を展開しますが，考えている対象や量

---

[4] **同値関係**とは，「ベキ等律」，「対称律」，「推移律」の3つの法則を満たす関係のことです．「同じものと見なしたいという関係」であり，「ある要素と同値なものをすべて集めた集合」を**同値類**と呼びます．

が**局所座標系の取り方によらないこと（すなわち，微分構造のみによること）が重要です**．座標変換で不変な量や性質をあつかいます．

さて，これからの議論では，上記の (ii) の方針により，定義や性質は**座標を通して**定めます．例えば，多様体 M 上の関数が C^r 級であるとは，次のように「座標を通してみると C^r 級である」と定義することになります．

C^r 級関数 　多様体 M 上の関数 $f: M \to \mathbb{R}$ が **C^r 級関数**であるとは，
すべての局所座標 (U, φ) に対して，
$$f \circ \varphi^{-1} \text{ は } C^r \text{ 級である}$$
ことをいう．

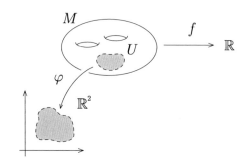

M 上のすべての C^r 級関数からなる集合を一般に
$$C^r(M) = \{f \mid M \text{ 上の } C^r \text{ 級関数}\}$$
と表します．

以下，多様体というと C^∞ 級多様体のことですので，「C^∞ 級」という修飾語はつけずに，単に多様体と呼びます．

13.3 接空間 ——微分作用によるバーチャル・リアリティ

多様体という一般的対象に対して，"接ベクトル" を定義したい．しかし，外側の空間を仮定しないため，**眼に見えるような形で接ベクトルを定**

義することができません.例えば,平面 $\mathbb{R}^2$ の中の曲線の接線は,曲線からはみ出していますが,これは,$\mathbb{R}^2$ という外側の空間があればこその直感的イメージです.

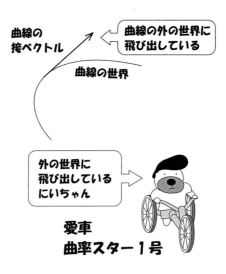

　接ベクトルは,それらのもつ(ことが期待される)性質を用いて,逆に,抽象的に定義します.具体的には,

微分とは接線を求めることである

という微分積分学の基本的観点から,

接ベクトルは,関数に対する微分作用である

として定義します.ここで,「微分作用」とは,「線形性」と「積の微分法則」を満たす作用素のことです.通常の"微分"で記述すると,関数 $f(x), g(x)$ に対して,

(i) (線形性)　　　　　$(af(x)+bg(x))' = af'(x)+bg'(x)$

(ii) (積の微分法則)　$(f(x)g(x))' = f'(x)g(x)+f(x)g'(x)$

という2つの性質で特徴づけられます[5].そこで,次の定義を与えます.

---

[5] 線形性をもつ対象は数多くありますが,「**積の微分法則**」は微分作用を特徴づける性質です.

> **接ベクトル**　多様体 M 上の点 P に対して，X_P が P における，M の**接ベクトル**(tangent vector)であるとは，関数 f に実数値 $X_\mathrm{P}(f)$ を対応させる写像
> $$\begin{array}{ccc} X_\mathrm{P} : \mathrm{C}^\infty(M) & \longrightarrow & \mathbb{R} \\ \cup & & \cup \\ f & \longmapsto & X_\mathrm{P}(f) \end{array}$$
> であって，次の 2 つの条件を満たすもののことをいう．
> （ⅰ）線形性
> $$X_\mathrm{P}(af+bg) = aX_\mathrm{P}(f) + bX_\mathrm{P}(g)$$
> （ⅱ）積の微分法則
> $$X_\mathrm{P}(fg) = X_\mathrm{P}(f)\,g(\mathrm{P}) + f(\mathrm{P})X_\mathrm{P}(g)$$
> ここで，$f, g \in \mathrm{C}^\infty(M)$, $a, b \in \mathbb{R}$ である．
> また，$X_\mathrm{P}(f)$ は $X_\mathrm{P} f$ と略記されることが多い．

学生：関数に対する微分作用が接ベクトルですか？ しかも，微分作用というのが，線形性と積の微分法則だし・・・．

先生：曲線の同値類で接ベクトルを定義する方法もある．いずれにせよ，多様体上に接ベクトルを考えるには，微分作用のようなもので構成的に定義するしかないよ．

学生：微分作用 X_P というのは，要するに点 P での微分ですよね．

先生：その意味では，点 P の近傍で定義されている関数に対する微分作用として定義するのがふつうかもしれない[6]．

> **接空間**　多様体 M の，点 P における，接ベクトルの集合を
> $$\mathrm{T}_\mathrm{P} M$$
> と書いて，P における M の**接空間**(tangent space)という．

---

[6] M 上の関数 $\mathrm{C}^\infty(M)$ に対する微分作用で定義しても，**微分作用は局所的な操作であること**（すなわち，点 P のある近傍で等しい 2 つの関数 f, g に対しては，同じ値 $X_\mathrm{P}(f) = X_\mathrm{P}(g)$ を与えること）を導くことができます．

> **微分作用の全体は線形空間**　接空間 $T_P M$ に，次のような「和」と「スカラー倍」を定めると，$T_P M$ は（$\mathbb{R}$ 上の）線形空間になる．
> $X_P, Y_P \in T_P M, a, b \in \mathbb{R}$ に対して，$aX_P + bY_P \in T_P M$ を
> $$(aX_P + bY_P)(f) \stackrel{\text{定義}}{=} aX_P f + bY_P f$$
> で定める．

　以上で，接空間が定義され，線形空間になることがわかりました．次に，この接空間の基底を構成することにしましょう．

　多様体 M 上の点 P と，点 P のまわりの局所座標 (U, φ) により座標 $(x_1, \cdots, x_n)$ が与えられているとき，

　　　　　　局所座標を通して見た P における x_i 方向の偏微分

という操作

$$\left(\frac{\partial}{\partial x_i}\right)_P : C^\infty(M) \longrightarrow \mathbb{R}$$
$$\cup \qquad\qquad \cup$$
$$f \longmapsto \left(\frac{\partial}{\partial x_i}\right)_P f$$

を

$$\left(\frac{\partial}{\partial x_i}\right)_P f \stackrel{\text{定義}}{=} \frac{\partial(f \circ \varphi^{-1})}{\partial x_i}(\varphi(P))$$

と定義すると，$\left(\frac{\partial}{\partial x_i}\right)_P$ は微分作用であること，すなわち，$\left(\frac{\partial}{\partial x_i}\right)_P \in T_P M$ であることが確かめられます．さらに，微分作用

(1) $$\left(\frac{\partial}{\partial x_1}\right)_P, \cdots, \left(\frac{\partial}{\partial x_n}\right)_P$$

は接空間 $T_P M$ の基底になっていることが導かれます．特に，多様体が n 次元のとき，接空間 $T_P M$ は n 次元線形空間になることがわかります．

13.4 ベクトル場 ――特徴はブラケットにあり

多様体 M の各点に接ベクトルを対応させたものを**ベクトル場**と呼びます．

> **ベクトル場** 多様体 M 上の**ベクトル場** (vector field) とは，M の各点 P に対して，$T_P M$ の要素である接ベクトル X_P が対応し，この対応が次の意味で C^∞ 級であるものをいう．
>
> 任意の $f \in C^\infty(M)$ に対して，関数
> $$\begin{array}{rcl} Xf : M & \longrightarrow & \mathbb{R} \\ \cup & & \cup \\ P & \longmapsto & X_P f \end{array}$$
> が C^∞ 級である．

(1) は点 P を動かすと，ある点のまわりのベクトル場（局所ベクトル場）で，各点で接空間の基底になっています．このように，各点で接空間の基底となっている局所ベクトル場のことを**ローカル・フレーム** (local frame)，あるいは単に**フレーム** (frame) と呼びます．

フレーム (1) が接空間の基底になっていることから，ベクトル場は局所的に

$$X_P = \sum_{i=1}^{n} a_i(P) \left(\frac{\partial}{\partial x_i}\right)_P$$

という形に書くことができます．このとき，上記の対応が C^∞ 級であることは，係数としてあらわれる関数 $a_i(P)$ が C^∞ 級であることにほかなりません．また，上記の定義より，M 上のベクトル場 X は，写像

(2) $$\begin{array}{rcl} X : C^\infty(M) & \longrightarrow & C^\infty(M) \\ \cup & & \cup \\ f & \longmapsto & Xf \end{array}$$

と見なすことができます．

M 上のベクトル場全体からなる集合を $\mathcal{X}(M)$ と書くことにすると，$X, Y \in \mathcal{X}(M)$ および $a, b \in \mathbb{R}$ に対して，線形和 $aX + bY \in \mathcal{X}(M)$ を

$$(aX+bY)_\mathrm{P} \stackrel{定義}{=} aX_\mathrm{P}+bY_\mathrm{P}$$

と定めることにより，$\mathcal{X}(M)$ に和とスカラー倍が定義され，線形空間になります．

学生：ベクトル場の集合 $\mathcal{X}(M)$ は線形空間なんですね．

先生：線形空間であることに加えて，$\mathcal{X}(M)$ 上に**ブラケット**(bracket) と呼ばれる積 $[X, Y]$ が

$$[X, Y]f \stackrel{定義}{=} X(Yf) - Y(Xf) \quad (\forall f \in C^\infty(M))$$

により定義される [7][8]．この積（ブラケット）により，$\mathcal{X}(M)$ は**リー代数**(Lie algebra)になる [9]．

練習問題 13.1　　　　　　　　　　　　　　　　　　　答えは 215 ページ

ブラケットについては，線形性

$$[aX+bY, Z] = a[X, Z] + b[Y, Z]$$
$$[X, bY+cZ] = b[X, Y] + c[Y, Z]$$

と交代性

$$[X, Y] = -[Y, X]$$

の他に，特徴的な性質である**ヤコビの恒等式**(Jacobi identity)

$$[[X, Y], Z] + [[Y, Z], X] + [[Z, X], Y] = 0$$

が成り立つ．このヤコビの恒等式を証明せよ．

---

[7] (2) により Yf は M 上の C^∞ 級関数になりますから，$X(Yf)$ は，ベクトル場 X を関数 Yf に作用させたものです．$Y(Xf)$ も同様です．

[8] 「括弧積」と和訳されることもありますが，カッコ良くないので，単に「ブラケット」と呼ぶことにします．

[9] 昔は「リー環」と呼ばれることが多かったが，最近では，「環 (ring)」を「代数 (algebra)」と呼ぶ人が増えてきました．

13.5 微分写像 ——接空間の間の線形写像

多様体 M から多様体 N への C^r 級写像 $(r \geq 1)$ に対して，M の接空間から N の接空間への線形写像が定義されます．まず，多様体から多様体への C^r 級写像の定義から始めましょう．M と N の局所座標を通して定義します．

> **C^r 級写像** 多様体 M, N に対して，M から N への写像 f が **C^r 級写像**であるとは，
> 　　M のすべての局所座標 (U, φ) と
> 　　N のすべての局所座標 (V, ψ) に対して
> 　　$\psi \circ f \circ \varphi^{-1}$ が C^r 級である
> ときをいう．

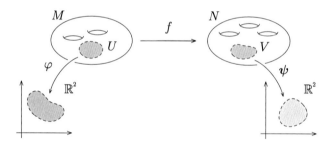

このような C^r 級写像 $(r \geq 1)$ に対して微分写像が定義される．

> **微分写像** 多様体 M から多様体 N への C^r 級写像 f に対して，M の各点 P において，線形写像
> $$(df)_\mathrm{P} : \mathrm{T}_\mathrm{P} M \longrightarrow \mathrm{T}_{f(\mathrm{P})} N$$
> $$\begin{array}{ccc} \cup & & \cup \\ X_\mathrm{P} & \longmapsto & (df)_\mathrm{P}(X_\mathrm{P}) \end{array}$$
> を $\{(df)_\mathrm{P}(X_\mathrm{P})\}(\eta) \stackrel{\text{定義}}{=} X_\mathrm{P}(\eta \circ f)$ for $\forall \eta \in C^\infty(N)$ で定め，$(df)_\mathrm{P}$ のことを f の P における**微分写像**(differential map) と呼ぶ．

次のチェイン・ルールは，微分写像に対して，"合成関数の微分法" が成り立つことを示しています．

チェイン・ルール(chain rule)
$$d(g \circ f)_P = (dg)_{f(P)} \circ (df)_P$$

練習問題 13.2　　　　　　　　　　　　　　　　　　　答えは216ページ

定義にしたがって，「チェイン・ルール」を証明せよ．

ヤコビ行列　$(x_1, \cdots, x_m)$, $(y_1, \cdots, y_n)$ をそれぞれ，P の近傍の M の局所座標，$f(P)$ の近傍の N の局所座標とすると，f は
$$y_j = y_j(x_1, \cdots, x_m) \quad (j = 1, \cdots, n)$$
と表される．このとき，M のフレーム

(3) $$\left(\frac{\partial}{\partial x_1}\right)_P, \cdots, \left(\frac{\partial}{\partial x_m}\right)_P$$

および，N のフレーム

(4) $$\left(\frac{\partial}{\partial y_1}\right)_{f(P)}, \cdots, \left(\frac{\partial}{\partial y_n}\right)_{f(P)}$$

はそれぞれ，接空間 $T_P M$, $T_{f(P)} N$ の基底であり，微分写像 $(df)_P$ は

(5) $$(df)_P\left(\left(\frac{\partial}{\partial x_i}\right)_P\right) = \sum_{j=1}^{n} \frac{\partial y_j}{\partial x_i}(P) \left(\frac{\partial}{\partial y_j}\right)_{f(P)}$$

と表される．微分写像 $(df)_P$ は線形写像であるから，(5) は，フレーム (3), (4) を基底にとって行列表現した $m \times n$ 行列が**ヤコビ行列**(**Jacobian matrix**)
$$\left(\frac{\partial y_j}{\partial x_i}(P)\right)$$
であることを示している．

> **練習問題 13.3**　　　　　　　　　　　　　答えは 216 ページ
>
> 上記の式(5)，すなわち，**『微分写像の表現行列がヤコビ行列である』**ことを証明せよ．

このとき，チェイン・ルールは，

　　　合成写像 $g \circ f$ のヤコビ行列
　　　　　$= g$ のヤコビ行列と f のヤコビ行列の積

になるという性質に対応しています．

学生：先生，どこに行かれるんですか？
先生：ちょっと，バオバブを探しに，第 3 惑星に行ってくるよ．

じゅんしんむく
【純真無垢】
心に汚れがなく，清らかなようす．
　　　　　　　　　　　　「四字熟語辞典」

14. 構造と非可換性，
そして計量
～ 共変微分，曲率，リーマン多様体

> よい理解はよい法則から
> 引出された理論から生まれる．
>
> 「レオナルド・ダ・ヴィンチの手記」(岩波書店)

学生：先生，こんにちは．あれ，絵本を読んでいるのですか．
先生：絵本は，すばらしいよ．言葉と絵の融合的アートだ．
学生：先生，この絵本，3 歳児向けですけど・・・．

　今回は，いよいよ最終回です．少し抽象的ですが，前回から始めた多様体の解説を続けましょう．

14.1　接続 —— 幾何構造の微分情報

　多様体の曲がりぐあいは，ベクトル場の変化によって，把握することができます．その意味で，次にあげる接続 (connection) は，多様体の構造を与えるものです．以下，$X(M)$ は M 上のすべてのベクトル場からなる集合とします．

14. 構造と非可換性，そして，計量 〜共変微分，曲率，リーマン多様体

> **接続** ∇ が，多様体 M 上の**接続**(connection)あるいは**共変微分**
> (covariant derivative)であるとは，写像
> $$\nabla : \mathcal{X}(M) \times \mathcal{X}(M) \longrightarrow \mathcal{X}(M)$$
> $$\cup\!\!\!\mid \qquad\qquad\qquad \cup\!\!\!\mid$$
> $$(X, Y) \longmapsto \nabla_X Y$$
> であって，次の 3 つの条件を満たすものをいう．
> (a) $C^\infty(M)$ – 線形性
> $$\nabla_{fX+gY} Z = f \nabla_X Z + g \nabla_Y Z \quad (f, g \in C^\infty(M))$$
> (b) $\mathbb{R}$ – 線形性
> $$\nabla_X (aY + bZ) = a \nabla_X Y + b \nabla_X Z \quad (a, b \in \mathbb{R})$$
> (c) 積の微分法則
> $$\nabla_X (fY) = (Xf) Y + f \nabla_X Y$$

前回，接ベクトルのところで，「線形作用はたくさんありますが，**微分作用を特徴づけるのは積の微分法則である**」と述べました (135 ページ)．

学生：積の微分法則というのは，微分積分学で出てくる公式
$$(fg)' = f'g + fg' \tag{1}$$
のことですね．

先生：この場合は，積といっても，関数 f とベクトル場 Y の積だけど．ここでは，∇_X の関数 f への作用は，ベクトル X の作用 Xf であると見なして，接続の定義の条件 (c) をながめてみてください．

学生：$\nabla_X Y$ とは何ですか？

先生：ベクトル場 Y を X 方向に微分するということだ．"方向微分" と思っておけばよい．

学生：これを『接続』というのはなぜですか？

先生：『接続』や『共変微分』という名称はどちらもよく使われるが，

『接　続』……『接空間のつながりぐあいを与える』という
幾何学的側面から

『共変微分』……『微分する』という**機能的側面**から

幾分，違ったニュアンスで用いられている．

学生：接空間のつながり？

先生：多様体の，空間としての曲がりぐあいというのは，接空間どうしのつながりぐあいと見るわけだ．曲面で想像してみればわかるよ．

学生：でも，外側の空間がないから，接空間は抽象的に定義しましたよね．

先生：各点で構成した接空間はお互いに何の関係もない．それらの並びぐあいを多様体の構造と見るとき，接空間どうしのつながりぐあい（接続）と見るか，変化のぐあい（共変微分）として規定するか，観点の違いだ．

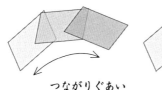

つながりぐあい　　　変化のぐあい

観点の違い

オオカミ　　赤ずきんの
　　　　　　おばあちゃん

接続係数　フレーム
$$\frac{\partial}{\partial x_1}, \cdots, \frac{\partial}{\partial x_n}$$
に対して，$\nabla_{\frac{\partial}{\partial x_i}} \frac{\partial}{\partial x_j}$ は接ベクトルであるから，このフレームの線形和として
$$\nabla_{\frac{\partial}{\partial x_i}} \frac{\partial}{\partial x_j} = \sum_{k=1}^{m} \Gamma_{ij}^k \frac{\partial}{\partial x_k}$$
と表せる[1]．ここで，Γ_{ij}^k は各点ごとに定まるので関数であり，添字 i, j

---

[1] 多様体上のベクトル場でなくて，局所ベクトル場を用いて良いのは，一般に，**微分作用は局所的に定まる**からです．したがって，局所ベクトル場に対しては，それを全体に拡張したベクトル場で定義すると，拡張の仕方によらずに well-defined になります．

> がついているのは，右辺の $\frac{\partial}{\partial x_k}$ の係数は，左辺の i, j を定めるごとに決まるからである．このとき，Γ_{ij}^k を**接続係数**と呼ぶ．

14.2 捩率テンソル ——可換性の表現

接続のある種の可換性を記述するために，捩率テンソルを定義しておきましょう．

> **捩率テンソル** 多様体 M 上の接続 ∇ に対して，T が ∇ の**捩率テンソル**(torsion tensor)であるとは
> $$T(X, Y) = \nabla_X Y - \nabla_Y X - [X, Y]$$
> で定義される写像
> $$T : \mathcal{X}(M) \times \mathcal{X}(M) \longrightarrow \mathcal{X}(M)$$
> $$\cup\!\!\!\shortmid \qquad\qquad \cup\!\!\!\shortmid$$
> $$(X, Y) \longmapsto T(X, Y)$$
> のことをいう．

学生：テンソルって何ですか？
先生：ここで出てくるテンソルは，テンソル場のことで，有限個のベクトル場 $X_1, \cdots, X_n$ から，数あるいはベクトル場が対応する線形写像だ[2]．
学生：なぜ，そんなものを考えるのですか？
先生：微分幾何学で表れる幾何学的量は，ほとんどすべてテンソルになるからね．
学生：曲線の捩率というのがありましたけど，関係あるのですか？

---

[2] この定義は，$(0, n)$ 型あるいは $(1, n)$ 型のテンソル場の定義です．捩率テンソル，曲率テンソルはそれぞれ，$(1, 2)$ 型と $(1, 3)$ 型のテンソル場です．また，慣習上，テンソル場（tensor field）のことを単にテンソル（tensor）と呼びます．

先生：まったく関係がないよ．

学生：それなら，捩率テンソルとは何ですか？

先生：torsion (捩率) が重要であるというより，torsion が消える (ゼロである) ことの方が大事だ．

学生：torsion が消える？

先生：torsion がゼロである $(T=0)$ ことを **torsion free** (トーション フリー) と呼ぶが，**torsion free な接続は常に存在するので，torsion free であることは仮定しておけばよい**からね．後で出てくるリーマン多様体上のレビ-チビタ接続も torsion free だ．

学生：それなら，torsion free とは何ですか？

先生：関数 f に対する作用

(2) $$H_f(X, Y) = (\nabla_X df)(Y) = XYf - (\nabla_X Y)f$$

を**ヘッシアン** (Hessian) と呼ぶが[3][4]，torsion free であるということは，ヘッシアンの可換性

(3) $$H_f(X, Y) = H_f(Y, X)$$

---

[3] $X = \frac{\partial}{\partial x_i}$, $Y = \frac{\partial}{\partial x_j}$ の場合を考えるとわかりますが，関数 f のヘッシアン $H_f(X, Y)$ は，ユークリッド空間 $\mathbb{R}^m$ 上の関数 f に対するヘッセ行列 $\left(\frac{\partial^2 f}{\partial x_i \partial x_j}\right)_{i,j=1,\cdots,m}$ の多様体版に対応しています．この場合の可換性 (3) は，微分の順序の可換性 $\frac{\partial^2 f}{\partial x_i \partial x_j} = \frac{\partial^2 f}{\partial x_j \partial x_i}$ になります．ヘッセ行列の場合は，その行列式をヘッシアンと呼び，紛らわしいので注意してください．

[4] $(\nabla_X df)(Y)$ は

(4) $$(\nabla_X df)(Y) = \nabla_X(df(Y)) - df(\nabla_X Y)$$

で定義される，df に対する共変微分です．一般に，$(0,1)$ 型テンソル α に関して

(5) $$(\nabla_X \alpha)(Y) = \nabla_X(\alpha(Y)) - \alpha(\nabla_X Y)$$

と定義します．$\alpha(Y)$ を α と Y のペアリングあるいは縮約と見て，(α, Y) と表すと，(5) は

$$\nabla_X(\alpha, Y) = (\nabla_X \alpha, Y) + (\alpha, \nabla_X Y)$$

と書きかえることができます．これを見れば，"**積の微分法則**" の観点から，(5) の定義が納得できると思います．また，一般に，関数 f とベクトル X に対して，$df(X) = Xf$ であることに注意すれば，(4) から (2) が得られます．

にほかならない．

捩率テンソルの基本的性質

(a) 交代性　　$T(X, Y) = -T(Y, X)$

(b) $C^\infty(M)$-線形性　　$T(X, Y)$ は X, Y それぞれについて $C^\infty(M)$-線形である[5]．すなわち
$$T(f_1 X_1 + f_2 X_2, Y) = f_1 T(X_1, Y) + f_2 T(X_2, Y)$$
$$T(X, g_1 Y_1 + g_2 Y_2) = g_1 T(X, Y_1) + g_2 T(X, Y_2)$$
$$(f_1, f_2, g_1, g_2 \in C^\infty(M))$$

フレーム
$$\frac{\partial}{\partial x_1}, \cdots, \frac{\partial}{\partial x_n}$$

に対して，$T\left(\dfrac{\partial}{\partial x_i}, \dfrac{\partial}{\partial x_j}\right)$ は接ベクトルであるから，このフレームの線形和として

---

[5] T が $C^\infty(M)$-線形であるということは，以下の事実と同値です：

　$T(X, Y)$ の M の各点 P での値が，X, Y の P での値 X_P, Y_P で定まること，すなわち，

　　ベクトル場 X, $\overline{X}$, Y, $\overline{Y}$ に対して

　　$X_P = \overline{X}_P$, $Y_P = \overline{Y}_P$ ならば $T(X, Y)_P = T(\overline{X}, \overline{Y})_P$ であること．

$$T\left(\frac{\partial}{\partial x_i}, \frac{\partial}{\partial x_j}\right) = \sum_{k=1}^{m} T_{ij}^k \frac{\partial}{\partial x_k}$$

と表せます．ここで，T_{ij}^k に添字 i, j がついているのは，右辺の $\frac{\partial}{\partial x_k}$ の係数は，左辺の i, j を定めるごとに決まるからです．このとき，T_{ij}^k を捩率テンソル T の(フレーム $\frac{\partial}{\partial x_1}, \cdots, \frac{\partial}{\partial x_m}$ に関する)**成分**と呼びます．

先生：$\left[\frac{\partial}{\partial x_i}, \frac{\partial}{\partial x_j}\right] = 0$ であることに注意すると，

$$\begin{aligned}\sum_{k=1}^{m} T_{ij}^k \frac{\partial}{\partial x_k} &= T\left(\frac{\partial}{\partial x_i}, \frac{\partial}{\partial x_j}\right) \\ &= \nabla_{\frac{\partial}{\partial x_i}} \frac{\partial}{\partial x_j} - \nabla_{\frac{\partial}{\partial x_j}} \frac{\partial}{\partial x_i} \\ &= \sum_{k=1}^{m} (\Gamma_{ij}^k - \Gamma_{ji}^k) \frac{\partial}{\partial x_k}\end{aligned}$$

となる．

学生：フレーム $\frac{\partial}{\partial x_1}, \cdots, \frac{\partial}{\partial x_m}$ は線形独立だから

$$T_{ij}^k = \Gamma_{ij}^k - \Gamma_{ji}^k$$

が導かれますね．

先生：torsion free という条件は，

$$\Gamma_{ij}^k = \Gamma_{ji}^k$$

と同値になり，したがって，これは接続係数の可換性を表していることがわかる．

ひっくりカエル

可換性

14.3 曲率テンソル ——非可換性による曲率の定義

Die Menschen fassen kaum es
Das Krümmungsmaß des Raumes
およそ人知の及ばざる
そは空間の曲率ぞ

(ブルーメンタール)
クライン「19世紀の数学」共立出版

ここで，多様体の曲率を表す曲率テンソルを定義しておきましょう．

曲率テンソル　多様体 M 上の接続 ∇ に対して，R が ∇ の**曲率テンソル**(curvature tensor)であるとは
(6) $\qquad R(X,Y)Z = \nabla_X \nabla_Y Z - \nabla_Y \nabla_X Z - \nabla_{[X,Y]} Z$
で定義される写像
$$R: \mathcal{X}(M) \times \mathcal{X}(M) \times \mathcal{X}(M) \longrightarrow \mathcal{X}(M)$$
$$\cup\!\!\!\mid \qquad\qquad\qquad\qquad \cup\!\!\!\mid$$
$$(X, Y, Z) \longmapsto R(X,Y)Z$$
のことをいう[6]．

学生：曲率テンソルとは何ですか？

先生：曲率テンソルとは，共変微分（接続）が，どれだけ可換でないかを表す量だ．

実際，∇ が torsion free であるとき，$(\nabla Z)(Y) = \nabla_Y Z$ とおくと
(7) $\qquad R(X,Y)Z = (\nabla_X(\nabla Z))(Y) - (\nabla_Y(\nabla Z))(X)$
と書ける[7]．

学生：X と Y の可換性ですね．これが多様体の曲率を表しているのですか？

先生：曲線や曲面の場合を考えればわかるように，曲率というのは 2 階微分の情報だ．

学生：今の場合は，共変微分についての 2 階微分 (7) を考えるわけです

---

[6] $R(X,Y,Z)$ と書くべきところですが，$R(X,Y)Z$ と書きます．これは，曲率テンソルの定義を見れば，ベクトル場 Z をベクトル場 X，Y で"微分"した形になっているからです．

[7] torsion free であることを用いると
$$R(X,Y)Z = (\nabla_X \nabla_Y Z - \nabla_{\nabla_X Y} Z) - (\nabla_Y \nabla_X Z - \nabla_{\nabla_Y X} Z)$$
$$= (\nabla_X(\nabla Z))(Y) - (\nabla_Y(\nabla Z))(X)$$
となります．$\alpha = \nabla Z$ に対する式 (5) に注意してください．曲率の本来の定義は，この等式であると思われます．

ね.
先生：共変微分の順序の非可換性が，空間の「曲がりぐあい」を表しているととらえるわけだ．

ものごとの本質

曲率テンソルの基本的性質
(a) 交代性 $R(X, Y)Z = -R(Y, X)Z$
(b) $C^\infty(M)$-線形性 $R(X, Y)Z$ は X，Y，Z のそれぞれについて，$C^\infty(M)$-線形である．すなわち，
$$R(f_1 X_1 + f_2 X_2, Y)Z$$
$$= f_1 R(X_1, Y)Z + f_2 R(X_2, Y)Z$$
$$R(X, g_1 Y_1 + g_2 Y_2)Z$$
$$= g_1 R(X, Y_1)Z + g_2 R(X, Y_2)Z$$
$$R(X, Y)(h_1 Z_1 + h_2 Z_2)$$
$$= h_1 R(X, Y)Z_1 + h_2 R(X, Y)Z_2$$
$$(f_1, f_2, g_1, g_2, h_1, h_2 \in C^\infty(M))$$
(c) ∇ が torsion free (すなわち，$T = 0$) のとき
$$R(X, Y)Z + R(Y, Z)X + R(Z, X)Y = 0$$
である．

フレーム
$$\frac{\partial}{\partial x_1}, \cdots, \frac{\partial}{\partial x_n}$$
に対して，$R\left(\dfrac{\partial}{\partial x_i}, \dfrac{\partial}{\partial x_j}\right)\dfrac{\partial}{\partial x_k}$ は接ベクトルであるから，このフレームの線形和として
$$R\left(\frac{\partial}{\partial x_i}, \frac{\partial}{\partial x_j}\right)\frac{\partial}{\partial x_k} = \sum_{t=1}^{m} R_{ijk}{}^{\ell} \frac{\partial}{\partial x_\ell}$$
と書けます．ここで，$R_{ijk}{}^{\ell}$ に添字 i, j, k がついているのは，右辺の $\dfrac{\partial}{\partial x_\ell}$ の係数は，左辺の i, j, k をとるごとに決まるからです．このとき，$R_{ijk}{}^{\ell}$ を

曲率テンソルの**成分**と呼びます．このとき，曲率テンソルの成分 $R_{ijk}{}^\ell$ は，接続係数 Γ_{ij}^k とその微分を用いて

$$R_{ijk}{}^\ell = \frac{\partial \Gamma_{jk}^\ell}{\partial x_i} - \frac{\partial \Gamma_{ik}^\ell}{\partial x_j} + \sum_{a=1}^m \Gamma_{ia}^\ell \Gamma_{jk}^a - \sum_{a=1}^m \Gamma_{ja}^\ell \Gamma_{ik}^a$$

と表されることがわかります．

学生：成分表示すると複雑ですね．
先生：曲率が接続係数とその微分で記述されているということだけ，注意しておけばいいよ．曲率の定義式 (6) は忘れてはいけないけど・・・．

先生：曲率の成分 $R_{ijk}{}^\ell$ は，局所座標 x_i から局所座標 $\overline{x}_p$ に座標変換することにより

(8) $$\overline{R}_{pqr}{}^s = \sum_{i,j,k,\ell} R_{ijk}{}^\ell \frac{\partial x_i}{\partial \overline{x}_p} \frac{\partial x_j}{\partial \overline{x}_q} \frac{\partial x_k}{\partial \overline{x}_r} \frac{\partial \overline{x}_s}{\partial x_\ell}$$

と変換される．ここで，$\overline{R}_{pqr}{}^s$ は局所座標 $\overline{x}_p$ による成分である．
学生：添え字がたくさんついていますね．
先生：テンソル場は，多様体上で大域的に定義されている．したがって，局所座標で成分表示すると，上記の(8)のように，座標の

上の添え字ごとに $\dfrac{\partial x_i}{\partial \overline{x}_p}$ の形の項

下の添え字ごとに $\dfrac{\partial \overline{x}_p}{\partial x_i}$ の形の項

だけ座標変換の係数がかかるような変換法則にしたがう[8]．
学生：接続係数 Γ_{ij}^k も局所的に定義される量なんですが，テンソルではないんですよね．（86 ページ参照．）
先生：そう，接続係数だけは上記のような変換法則を満たさないので，テ

---

[8] 「添え字について，上下に同じ文字が来たときは，それらの文字についての和の記号を省略する」というアインシュタインの規約を使用する場合は，**座標 x_i の下の添え字 i を上の添え字に変えて，x^i と書く**のが，**テンソル解析の慣習**です．本書では，この記法に慣れない読者のために，下の添え字のままの x_i という記号で記述しました．

ンソルではない．あくまで"係数"だ．

学生：変換法則 (8) は，局所的に定義された量が座標変換によらずに，大域的に定義されているための条件ということですね．

先生：こういう議論のプロセスは自然だ．例えば，物理量は局所的に定まり，その後，それが大域的な概念であることを認識するからね．

14.4　リーマン計量——接空間上の内積

われわれを保全するのは
計量の技術であることに
同意するでしょうか．
プラトン「プロタゴラス」

接空間に内積を入れたものが，次にあげるリーマン計量です．

リーマン計量　多様体 M に対して，次の 2 つの条件を満たす $\{g_P\}_{P \in M}$ のことを M 上の**リーマン計量**(**Riemannian metric**)あるいは単に**計量** (**metric**)と呼び，記号で g と書く．

(a) M の任意の点 P について g_P は $T_P M$ 上の内積である．

(b) 内積 g_P は P について以下の意味で C^∞ 級である：
任意のフレーム
$$\frac{\partial}{\partial x_1}, \dots, \frac{\partial}{\partial x_n}$$
に対して，対応
$$P \longrightarrow g_P\left(\left(\frac{\partial}{\partial x_i}\right)_P, \left(\frac{\partial}{\partial x_j}\right)_P\right) \in \mathbb{R}$$
が C^∞ 級である．

学生：リーマン計量の定義の条件 (b) は何ですか？

先生：内積がなめらかに"並んでいる"ということだ．多様体 M の各点 P の接空間上の内積なので，点 P を動かしたとき，内積もなめらかに動い

てくれないと，微分できないからね．

フレーム
$$\frac{\partial}{\partial x_1}, \cdots, \frac{\partial}{\partial x_n}$$
に対して，$g_{ij} = g\left(\frac{\partial}{\partial x_i}, \frac{\partial}{\partial x_j}\right)$ とおき，g_{ij} を計量テンソル g の**成分**と呼びます[9]．このとき，定義から

$$g_{ij} = g\left(\frac{\partial}{\partial x_i}, \frac{\partial}{\partial x_j}\right) \stackrel{g\text{は内積}}{=} g\left(\frac{\partial}{\partial x_j}, \frac{\partial}{\partial x_i}\right) = g_{ji}$$

となり，g_{ij} は添え字 i, j に関して対称であることがわかります．したがって，リーマン計量 g は，M 上の正定値で対称な $(0, 2)$ 型テンソルであると言いかえられます．

リーマン多様体 多様体 M とその上のリーマン計量 g の組 (M, g) のことを**リーマン多様体**(**Riemannian manifold**)と呼ぶ．

リーマン多様体 (M, g) は，計量 g を省略して単に，リーマン多様体 M と呼ぶことも多いです．

14.5 レビ–チビタ接続 ——リーマン計量に付随した接続

リーマン計量に対して，レビ–チビタ接続という自然な接続が存在します．

---

[9] 計量テンソルの成分 g_{ij} を単に"計量 g_{ij}"と呼ぶこともあります．それはちょうど，3次元ベクトル v の成分表示 (v_1, v_2, v_3) があったとき，ベクトル (v_1, v_2, v_3) と呼んだりするのと同様です．

> **レビ–チビタ接続** リーマン多様体 (M, g) の上に,
> $$(9) \quad X(g(Y, Z)) = g(\nabla_X Y, Z) + g(Y, \nabla_X Z)$$
> を満たす接続 ∇ が一意的に存在する[10]. これを**レビ–チビタ接続**(Levi-Civita connection)と呼ぶ[11].
>
> レビ–チビタ接続の接続係数 Γ_{ij}^k は
> $$\Gamma_{ij}^k = \frac{1}{2} \sum_{a=1}^m g^{ka} \left(\frac{\partial g_{ai}}{\partial x_j} + \frac{\partial g_{aj}}{\partial x_i} - \frac{\partial g_{ij}}{\partial x_a} \right)$$
> で与えられる. ここで, 添え字が上についた g^{ij} は g_{ij} を行列と見たときの逆行列である. このとき, 接続係数 Γ_{ij}^k を記号 $\begin{Bmatrix} k \\ ij \end{Bmatrix}$ で表す. この記号を**クリストッフェルの記号**(Christoffel's symbol)と呼ぶ[12].

先生:レビ–チビタ接続というのは, リーマン計量と両立する自然な接続だ. リーマン多様体上の接続には, レビ–チビタ接続をとる.

学生:(9)の条件が両立条件ですか?

先生:この条件は, 積の微分法則に対応している.

先生:積の微分法則というのは微分積分学で出てくる公式(1)のことですね.

先生:微分作用の特徴は, 積の微分法則である. 今の場合, 計量 g は接空間の内積だから, それを積と見たときの積の微分法則が(9)になる.

リーマン多様体では, レビ–チビタ接続から曲率テンソルが得られます. リーマン多様体の曲率テンソルの成分 $R_{ijk}{}^\ell$ から, 計量テンソル g_{ij} によ

---

[10] 「一意的に存在する」とは,「存在して, そのようなものはただ1つしかない」ということです.

[11] ちなみに,「チビタ」と聞いて「おそ松くん」を思い出すあなたはずいぶん熟年の世代です.

[12] クリストッフェルがもともと用いた記号は $\begin{Bmatrix} ij \\ k \end{Bmatrix}$ という記号だったようである.

り添え字を下げた成分

$$R_{ijk\ell} = \sum_{a=1}^{m} R_{ijk}{}^{a} g_{a\ell}$$

が得られます．

学生：曲率テンソル $R_{ijk\ell}$ は何を表しているのですか？

先生：正規座標 (normal coordinate) という座標 x_i を用いると，局所的に

$$g_{ij} = \delta_{ij} + \frac{1}{3} \sum_{p,q=1}^{m} R_{ipjq} x_p x_q + O(\|x\|^3)$$

と表すことができる [13]．

学生：δ_{ij} はクロネッカーのデルタで，$i=j$ のとき 1 で，それ以外の場合はゼロですね．

先生：この等式は，**計量テンソルのテイラー展開の"2 次の項の係数"が曲率テンソルである**ということを示している．

　リーマン多様体の曲率テンソルについては，以下のように，曲率テンソルからさらに，**リッチ曲率**と**スカラー曲率**が定義されます．

先生：曲率テンソルは，2 階微分の情報が入っているが，それから情報を部分的に抽出して新しい曲率を定義したい．

学生：曲面の場合に，法曲率から平均曲率やガウス曲率を定義するようなものですか？

先生：少し違うが，まぁ，そのようなものと思っておいてください．まず，曲率テンソル（の成分）$R_{ijk}{}^{\ell}$ の添え字 i と ℓ について和をとると，**リッチ曲率 (Ricci curvature)**

$$R_{jk} = \sum_{i=1}^{m} R_{ijk}{}^{i}$$

---

[13] 脚注 8 でふれたように座標 x_i の代わりに x^i と添え字を上に書いておけば，アインシュタインの規約を用いて，

$$g_{ij} = \delta_{ij} + \frac{1}{3} R_{ipjq} x^p x^q + O(\|x\|^3)$$

と和の記号を省略して記述することができます．

が定義される[14].

学生：和をとるんですね．

先生：さらに，添え字が j, k と2つあるので，この j と k について（計量 g に関して）トレースをとると，**スカラー曲率**(scalar curvature)

$$R = \sum_{j,k=1}^{m} g^{jk} R_{jk}$$

が得られる．

学生：g^{jk} とは何ですか？

先生：計量テンソル g_{ij} を行列と見たときの逆行列だ[15]．

学生：さきほどは，2つの添え字について和をとって，今度は，2つの添え字についてトレースをとるのですね．

先生：一般に

　　　　添え字が上下にあるときは

　　　　双対の『縮約(contraction)』として和をとり，

　　　　添え字が同じ側にあるときは

　　　　計量テンソルでトレースをとる[16]

ということになる．

---

[14] 添え字を用いないで書くと，リッチ曲率 $\mathrm{Ric}(Y, Z)$ は

$$\mathrm{Ric}(Y, Z) = \mathrm{tr}_g R(\ , Y)Z = \sum_{i=1}^{m} g(R(e_i, Y)Z, e_i)$$

となります．ここで，$\{e_i\}$ は接空間の正規直交基底であるとします．$\{e_i\}$ は計量テンソルに従属し，したがって，tr_g は計量テンソル g によって決まります．

[15] ちなみに，線形代数で出てくるふつうの「行列のトレース」は，$g_{ij} = \delta_{ij}$（単位行列）に関するトレースです．

[16] R_{jk} の添え字が下にあるので，上の添え字の g^{jk} でトレースをとりましたが，添え字が上にあるテンソルに対しては下の添え字の計量テンソル g_{jk} でトレースをとります．

前回と今回の2回で，多様体の基本事項の概要を解説してきました．なぜそう定義するのかという動機を中心に述べてきましたので，くわしい内容にはふれることはできませんでした．多様体に興味をもった人は，自分で勉強してみてください．

先生：そして，村人は幸せに暮らしました．めでたし，めでたし．

学生：先生，メルヘンが入っていますね．

先生：どんなときにも臨機メルヘンというじゃないか．

りんきおうへん
【臨機応変】
機に臨み，変に応じて
適宜な手段を施すこと．
　　　　　広辞苑第5版

めでたし、めでたし

補足

ベクトルの外積

　必要となる「ベクトルの外積」について少しまとめておきましょう．本書では，ベクトルに太字を用いませんが，ここでは，「視覚的なわかりやすさ」のために，ベクトルを $a, b, \cdots$ というように太字で表すことにします．

外積の代数的定義

ベクトル $\boldsymbol{a}=(a_1, a_2, a_3)$ と $\boldsymbol{b}=(b_1, b_2, b_3)$ に対して

$$\boldsymbol{a}\times\boldsymbol{b}=\left(\begin{vmatrix}a_2 & a_3\\ b_2 & b_3\end{vmatrix},\ \begin{vmatrix}a_3 & a_1\\ b_3 & b_1\end{vmatrix},\ \begin{vmatrix}a_1 & a_2\\ b_1 & b_2\end{vmatrix}\right)$$

$$=(a_2b_3-a_3b_2,\ a_3b_1-a_1b_3,\ a_1b_2-a_2b_1)$$

とおいて，$\boldsymbol{a}$ と $\boldsymbol{b}$ の **外積** (exterior product) と呼ぶ[1]．ここで，$\begin{vmatrix}p & q\\ r & s\end{vmatrix}$ は，行列 $\begin{pmatrix}p & q\\ r & s\end{pmatrix}$ の行列式，すなわち，

$$\begin{vmatrix}p & q\\ r & s\end{vmatrix}=ps-qr$$

であるとする．

　ベクトルの外積は，次のように幾何学的に定義することもできます．

---

[1] 外積の定義の添え字で混乱する人は，「添え字 1, 2, 3 について巡回的 (cyclic) になっていること」に注意してください．

> **外積の幾何学的定義**
> 外積 $a \times b$ は，次の 3 つの性質を満たすベクトルである：
> (1) ベクトル $a \times b$ は，ベクトル a, b と直交する．
> (2) ベクトル $a \times b$ の大きさは，「ベクトル a とベクトル b で作られる平行四辺形の面積」に等しい．
> (3) ベクトル $a, b, a \times b$ は，この順で右手系をなす[2]．
>
>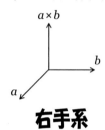
>
> **右手系**

定義から，以下のような外積の性質が得られます．

外積の基本的性質

(1)（交代性） $\quad b \times a = -a \times b$

---

[2] 右手の親指，人差し指，中指で直交座標軸を作ったとき，親指，人差し指，中指の順に，その相互の位置関係の状態が**右手系**です．ちなみに，電磁気学の「フレミングの**左手の法則**」の「**電流，磁界，ローレンツ力**」は左手ですが，中指，人差し指，親指の順なので，右手系であることに注意しましょう．ただ，「右手系」と「左手系」の名称は，向きを区別するための単なるラベルなので，右手か左手かを思い悩む必要はありません．

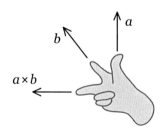

(2)（分配法則）　　$a \times (b+c) = a \times b + a \times c$
　　　　　　　　　$(a+b) \times c = a \times c + b \times c$
(3)（線形性）　　　$a \times (\lambda b) = \lambda(a \times b)$
　　　　　　　　　$(\lambda a) \times b = \lambda(a \times b)$
(4)（内積と外積）　$\|a \times b\|^2 + |a \cdot b|^2 = \|a\|^2 \|b\|^2$
(5)（内積と外積）
$$a \cdot (b \times c) = b \cdot (c \times a) = c \cdot (a \times b) = \det(a, b, c)$$
$$(a \times b) \cdot c = (b \times c) \cdot a = (c \times a) \cdot b = \det(a, b, c)$$

ここで，$\det(a, b, c)$ は，ベクトル a, b, c を縦ベクトルと見て，この順に並べてできた3次の正方行列の行列式である．

先生：2つのベクトルに直交するベクトルを表現するのに，外積は非常に便利な概念だ．

学生：曲線論や曲面論では，外積の基本的な性質は知っておく必要がありますね．

先生：ほとんどの性質は自然に使えるようになるが，
$$a \cdot (b \times c) = \det(a, b, c)$$
という等式は覚えておく必要がある．ベクトルの内積やノルムの計算では，この等式と行列式の性質

２つの行ベクトル（あるいは，列ベクトル）を入れかえると行列式の符号が変わる

すなわち
$$\det(\cdots, e_i, \cdots, e_j, \cdots) = -\det(\cdots, e_j, \cdots, e_i, \cdots)$$
ということ，したがって，特に，$i = j$ とおくことによって

同じ行ベクトル（あるいは，同じ列ベクトル）をもつ行列式はゼロである

すなわち
$$\det(\cdots, e_i, \cdots, e_i, \cdots) = 0$$
という事実が使われるので，頭のスミにおいておこう．

位相空間の基本事項

　直線距離や曲面の表面に沿った距離など，2点間の「近さ」を数値で**定量的に表現**したものが「**距離空間**」の「**距離**」の概念です．「距離」と呼ばれる関数が3つの公理(正値性，対称性，三角不等式)を満たすものでした．

　「近さ」を定義するのに「距離」は必要ありません．「近さ」を**定性的に**表現する概念があれば十分です．ある点からの近さは，その点を含む集合の族——近傍系を指定してやれば良いことになります．このような「**近さ**」を**定式化する概念**が「**位相**」であり，「位相」が与えられた空間のことを「**位相空間**」と呼びます．

ユークリッド空間 $\mathbb{R}^n$
⇓ 一般化
距離空間……距離
⇓ 一般化
位相空間……位相

このような一般化・抽象化のメリットは2つあります．
(1) より広い対象に適用できる一般的事実の獲得
(2) 原理の解明による高い立場からの理解

　位相("点どうしの近さ")を定める際に現れる主な対象は，**開集合**，**閉集合**，**近傍**の3つの概念です．ここでは，開集合の公理についてふれておきましょう．

開集合　集合 X に対して，$\mathcal{O}$ が X 上の**開集合系**であるとは，$\mathcal{O}$ が X の部分集合の集合であって，次の3つの条件を満たすものをいう：

(ⅰ) $\emptyset, X \in \mathcal{O}$ である．

(ⅱ) $O_1, O_2 \in \mathcal{O}$ ならば $O_1 \cap O_2 \in \mathcal{O}$ である．

(ⅲ) $O_\lambda \in \mathcal{O}\ (\lambda \in \Lambda)$ ならば $\bigcup_{\lambda \in \Lambda} O_\lambda \in \mathcal{O}$ である．

このとき，$\mathcal{O}$ の要素を X の**開集合**(open set)と呼ぶ．

学生：開集合？

先生：モデルとして，$X = \mathbb{R}^n$ の場合の開球(open ball)
$$B_r = \{x = (x_1, \cdots, x_n) \in \mathbb{R}^n \mid x_1^2 + \cdots + x_n^2 < r^2\}$$
をイメージしておけば良い．境界(今の場合，球面)の点を含まない集合になっている．

学生：開集合で位相を定めるのですか？

先生：半径 r を動かしていくと，原点中心の開球の全体は，原点の基本近傍系になっている．点列 P_n が原点に近づくというのは，原点のどんな近傍をとっても，ある番号から先の点列はその近傍に含まれる，ということだ．

学生：上記の開集合の3つの条件は？

先生：開球をモデルとした開集合で議論していくために，必要最低限の条件をあげたものだ．注意すべきは，条件(ⅱ)と(ⅲ)で

有限個の共通部分にしか閉じていないのに対し

無限個の和集合について閉じている

ということだ．

　閉集合と開集合は補集合の関係にあり，閉集合の定義は開集合の定義と対称的(双対的)になっています．開集合，閉集合，近傍という3つの概念のうち，どれから出発しても，他の2つの概念が導かれます．集合に，この3つの概念のどれか一つを(したがって，3つすべてを)与えたものを**位相空間**と呼びます．ふつうは，開集合の概念から出発します．

学生：多様体の定義には，ハウスドルフ空間という仮定がついていますが．

先生：位相空間という一般的設定で議論していくと，変な例がたくさん含まれてしまう．例えば，

$\begin{cases} 任意の点 P, Q に対し，P を含む開集合(近傍) O_1 と Q を含む開\\ 集合(近傍) O_2 が存在して，O_1 \cap O_2 = \emptyset と書ける \end{cases}$

という性質は直感的には成り立って欲しい性質だ．

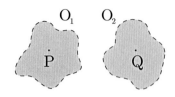

学生：う〜ん．そんなことすら期待できないのですか？

先生：位相空間という一般的設定では一般には成り立たない．条件（＊）は「任意の2点が開集合で**分離できる**」と表現する．（＊）のような条件のことを分離公理と呼ぶ．分離公理（＊）が成り立つ空間を**ハウスドルフ空間 (Hausdorff space)** という[3]．

学生：多様体の定義では、「2点が開集合で分離できる位相空間」という自然な条件が仮定されているわけですね．

---

[3] 分離公理には，T_0 から T_6 まであって，ハウスドルフ空間は T_2 分離公理を満たす空間です．昔の数学科では、一般位相 (general topology) をじっくり勉強する機会があったのだけど，今は流行っていないからなあ．

公式集

●平面曲線

$C(s)$：弧長パラメーター s をもつ平面曲線

ムービング・フレーム（フルネ・フレーム）

$e_1(s) = C(s)$

$e_2(s)$：$e_1(s)$ を $\frac{\pi}{2}$ だけ回転したもの

平面曲線の曲率 $\kappa(s)$

$$\kappa(s) = e_1'(s) \cdot e_2(s)$$
$$= \det(e_1(s),\ e_1'(s))$$
$$= \det(C'(s),\ C''(s))$$

曲率の幾何学的意味（その1）

$$|曲率| = \frac{1}{曲率半径}\,^1$$

曲率の幾何学的意味（その2）

曲率 $= 0$ $\Leftrightarrow$ 曲線は直線上にある

平面曲線に対するフルネ‐セレ（Frenet–Serret）の公式

$$\frac{d}{ds}\begin{pmatrix} e_1(s) \\ e_2(s) \end{pmatrix} = \begin{pmatrix} 1 & \kappa(s) \\ -\kappa(s) & 0 \end{pmatrix} \begin{pmatrix} e_1(s) \\ e_2(s) \end{pmatrix}$$

---

[1] 空間曲線のときも成り立つが，空間曲線の場合は曲率は非負なので，左辺の絶対値は不要である．

---— 平面曲線と曲率 ———

$$\text{平面曲線} \underset{1 \text{対} 1}{\overset{\text{回転と平行移動の自由度を除いて}}{\Leftrightarrow}} \text{曲率}$$

———— 平面曲線の局所的構造 ————

$$C(s) = C(s_0) + (s-s_0)e_1(s_0) + \frac{1}{2}(s-s_0)^2 \kappa(s_0) e_2(s_0) + O((s-s_0)^3)$$

————— 曲率の計算公式 —————

(1) 一般のパラメーター t で表された平面曲線 $C(t) = (x(t), y(t))$ に対して

$$\text{曲率 } \kappa(t) = \frac{\det(\dot{C}(t), \ddot{C}(t))}{\|\dot{C}(t)\|^{\frac{3}{2}}}$$

$$= \frac{\dot{x}(t)\ddot{y}(t) - \ddot{x}(t)\dot{y}(t)}{(\dot{x}(t)^2 + \dot{y}(t)^2)^{\frac{3}{2}}}$$

(2) 弧長パラメーター s で表された平面曲線 $C(s) = (x(s), y(s))$ に対して

$$\text{曲率 } \kappa(s) = \det(C'(s), C''(s))$$

$$= \det \begin{pmatrix} x'(s) & x''(s) \\ y'(s) & y''(s) \end{pmatrix}$$

$$= x'(s)y''(s) - x''(s)y'(s)$$

●空間曲線

$C(s)$：弧長パラメーター s をもつ空間曲線

ムービング・フレーム（フルネ・フレーム）

$$e_1(s) = C'(s)$$
$$e_2(s) = \frac{C''(s)}{\|C''(s)\|} = \frac{e_1'(s)}{\|e_1'(s)\|}$$
$$e_3(s) = e_1(s) \times e_2(s)$$

曲率 $\kappa(s)$ と捩率 $\tau(s)$

$$\kappa(s) = e_1'(s) \cdot e_2(s)$$
$$= \|e_1'(s)\|$$
$$= \|C''(s)\|$$
$$\tau(s) = e_2'(s) \cdot e_3(s)$$
$$= \det(e_1(s),\ e_2(s),\ e_2'(s))$$
$$= \frac{1}{\|C''(s)\|^2} \det(C'(s),\ C''(s),\ C'''(s))$$

曲率の幾何学的意味

曲率 $= 0$ $\Leftrightarrow$ 曲線は直線上にある

捩率 $= 0$ $\Leftrightarrow$ 曲線は平面上にある

フルネ - セレ（Frenet-Serret）の公式

$$\frac{d}{ds}\begin{pmatrix} e_1(s) \\ e_2(s) \\ e_3(s) \end{pmatrix} = \begin{pmatrix} 0 & \kappa(s) & 0 \\ -\kappa(s) & 0 & \tau(s) \\ 0 & -\tau(s) & 0 \end{pmatrix} \begin{pmatrix} e_1(s) \\ e_2(s) \\ e_3(s) \end{pmatrix}$$

空間曲線と曲率・捩率

空間曲線 $\underset{1\text{対}1}{\overset{\text{回転と平行移動の自由度を除いて}}{\Leftrightarrow}}$ 曲率と捩率

―――― ブーケ (Bouquet) の公式 ――――

$$C(s) = C(s_0) + (s-s_0)e_1(s_0) + \frac{1}{2!}(s-s_0)^2 \kappa(s_0)e_2(s_0)$$
$$+ \frac{1}{3!}(s-s_0)^3\{-\kappa(s_0)^2 e_1(s_0) + \kappa'(s_0)e_2(s_0) + \kappa(s_0)\tau(s_0)e_3(s_0)\}$$
$$+ O((s-s_0)^4).$$

―――― 曲率の計算公式 ――――

(1) 一般のパラメーター t の場合

$$\text{曲率 } \kappa(t) = \frac{\sqrt{\|\dot{C}(t)\|^2 \|\ddot{C}(t)\|^2 - (\dot{C}(t)\cdot\ddot{C}(t))^2}}{\|\dot{C}(t)\|^3}$$

$$\text{捩率 } \tau(t) = \frac{\det(\dot{C}(t),\ \ddot{C}(t),\ \dddot{C}(t))}{\|\dot{C}(t)\|^2 \|\ddot{C}(t)\|^2 - (\dot{C}(t)\cdot\ddot{C}(t))^2}$$

(2) 弧長パラメーター s の場合

$$\text{曲率 } \kappa(s) = \|C''(s)\|$$

$$\text{捩率 } \tau(s) = \frac{1}{\|C''(s)\|^2}\det(C'(s),\ C''(s),\ C'''(s))$$

―― 曲率円と曲率球 ――

曲率円 … 2 次の接触をする円

曲線 $C(s)$ の,点 $C(s_0)$ における曲率円の

中心は $C(s_0) + \dfrac{1}{\kappa(s_0)} e_2(s_0)$

半径は $\dfrac{1}{\kappa(s_0)}$

曲率球 … 3 次の接触をする球

曲線 $C(s)$ の,点 $C(s_0)$ における曲率球の

中心は $C(s_0) + \dfrac{1}{\lambda(s_0)} e_2(s_0) + \dfrac{1}{\tau(s_0)} \dfrac{d}{ds}\left(\dfrac{1}{\kappa}\right)(s_0) e_3(s_0)$

半径は $\sqrt{\left\{\dfrac{1}{\kappa(s_0)}\right\}^2 + \left\{\dfrac{1}{\tau(s_0)} \dfrac{d}{ds}\left(\dfrac{1}{\kappa}\right)(s_0)\right\}^2}$

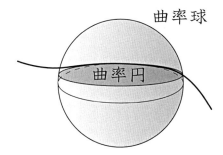

●曲面

――― フレーム ―――

$\left.\begin{array}{l}\dfrac{\partial S}{\partial u} \\ \dfrac{\partial S}{\partial v}\end{array}\right\}$：接ベクトル

$n(u, v) = \dfrac{\frac{\partial S}{\partial u} \times \frac{\partial S}{\partial v}}{\left\|\frac{\partial S}{\partial u} \times \frac{\partial S}{\partial v}\right\|}$：法ベクトル

――― ガウス写像 ―――

単位法ベクトル n の始点を原点にもっていくと，終点が 2 次元単位球面 S^2 にあるベクトル $\hat{n}$ になる．これから $\hat{n}$ をパラメーター領域 D から S^2 への写像

$$\hat{n} : D \to S^2$$

と見なせる．これを**ガウス写像**と呼ぶ．

――― 第 1 基本量 ―――

$$E = \dfrac{\partial S}{\partial u} \cdot \dfrac{\partial S}{\partial u} = \left\|\dfrac{\partial S}{\partial u}\right\|^2$$

$$F = \dfrac{\partial S}{\partial u} \cdot \dfrac{\partial S}{\partial v}$$

$$G = \dfrac{\partial S}{\partial v} \cdot \dfrac{\partial S}{\partial v} = \left\|\dfrac{\partial S}{\partial v}\right\|^2$$

第 1 基本量からなる行列 $\mathcal{G} = \begin{pmatrix} E & F \\ F & G \end{pmatrix}$

第 1 基本形式 $I = \sigma \mathcal{G}\,{}^t\sigma = E du^2 + 2F du dv + G dv^2$

第1基本量

第2基本量

第3基本量

--- 第 2 基本量 ---

$$L = \frac{\partial^2 S}{\partial u^2} \cdot n$$

$$M = \frac{\partial^2 S}{\partial u \partial v} \cdot n$$

$$N = \frac{\partial^2 S}{\partial v^2} \cdot n$$

第 2 基本量からなる行列 $\mathcal{H} = \begin{pmatrix} L & M \\ M & N \end{pmatrix}$

第 2 基本形式 $\mathrm{II} = \sigma \mathcal{H}\,^t\sigma = E du^2 + 2M du dv + N dv^2$

--- 第 3 基本量 $P,\ Q,\ R$ [2] ---

$$P = \frac{\partial^2 n}{\partial u^2} \cdot n$$

$$Q = \frac{\partial^2 n}{\partial u \partial v} \cdot n$$

$$R = \frac{\partial^2 n}{\partial v^2} \cdot n$$

第 3 基本量からなる行列 $\mathcal{L} = \begin{pmatrix} P & Q \\ Q & R \end{pmatrix}$

第 3 基本形式 $\mathrm{III} = \sigma \mathcal{L}\,^t\sigma = P du^2 + 2Q du dv + R dv^2$

--- 基本量・基本形式の間の関係 ---

$$\mathcal{L} = \mathcal{H}\mathcal{G}\mathcal{H}$$

$$\mathrm{III} - 2H\,\mathrm{II} + K\,\mathrm{I} = 0$$

ただし, H と K はそれぞれ, 平均曲率とガウス曲率である.

--- 曲面の面積 ---

$$S \text{の面積} = \iint_D \left\| \frac{\partial S}{\partial u}(u,\ v) \times \frac{\partial S}{\partial v}(u,\ v) \right\| du dv$$

$$= \iint_D \sqrt{EG - F^2}\, du dv$$

$\sqrt{EG - F^2}\, du dv$ が面積要素

---

[2] 第 3 基本量の標準的な記号は決まっていないので, $P,\ Q,\ R$ は本書で用いた記号である.

―― 平均曲率とガウス曲率 ――

平均曲率 $H = \dfrac{1}{2}(\kappa_1 + \kappa_2)$

$\qquad\qquad = \dfrac{1}{2}\operatorname{tr}(\mathcal{H}\mathcal{G}^{-1}) = \dfrac{1}{2}\dfrac{EN - 2FM + GL}{EG - F^2}$

ガウス曲率 $K = \kappa_1\kappa_2$

$\qquad\qquad = \det(\mathcal{H}\mathcal{G}^{-1}) = \dfrac{LN - M^2}{EG - F^2}$

ここで, κ_1, κ_2 は主曲率である.

―― ガウスの基本定理 ――

ガウス曲率 K は, 第1基本量 E, F, G だけで書ける.

―― ガウス曲率の表示 ――

等温パラメーター ($E = G$, $F = 0$) を用いると

$$K = -\dfrac{1}{2E}\left\{\dfrac{\partial}{\partial u}\left(\dfrac{1}{E}\dfrac{\partial E}{\partial u}\right) + \dfrac{\partial}{\partial v}\left(\dfrac{1}{E}\dfrac{\partial E}{\partial v}\right)\right\}$$

$$= -\dfrac{1}{2E}\left(\dfrac{\partial^2}{\partial u^2} + \dfrac{\partial^2}{\partial v^2}\right)\log E.$$

―― 可展面の特徴づけ ――

$$K = 0 \Leftrightarrow \text{可展面}$$

―― ガウス曲率の幾何学的意味 ――

$$\dfrac{\partial \hat{n}}{\partial u} \times \dfrac{\partial \hat{n}}{\partial v} = K\,\dfrac{\partial S}{\partial u} \times \dfrac{\partial S}{\partial v}$$

したがって

$$K(u_0, v_0) \neq 0$$

ならば

$$|K(u_0, v_0)| = \lim_{r \to 0}\dfrac{\hat{n}(B_r(u_0, v_0))\text{の面積}}{S(B_r(u_0, v_0))\text{の面積}}$$

である. ここで, $B_r(u_0, v_0)$ は中心 (u_0, v_0), 半径 r の開円板である.

―― ガウス（Gauss）の公式 ――

$$\frac{\partial^2 S}{\partial u^2} = \Gamma_{11}^1 \frac{\partial S}{\partial u} + \Gamma_{11}^2 \frac{\partial S}{\partial v} + Ln$$

$$\frac{\partial^2 S}{\partial u\, \partial v} = \Gamma_{12}^1 \frac{\partial S}{\partial u} + \Gamma_{12}^2 \frac{\partial S}{\partial v} + Mn$$

$$\frac{\partial^2 S}{\partial v^2} = \Gamma_{22}^1 \frac{\partial S}{\partial u} + \Gamma_{22}^2 \frac{\partial S}{\partial v} + Nn$$

ただし, 接続係数 Γ_{ij}^k は $\Gamma_{21}^k = \Gamma_{12}^k$ $(k=1,2)$ であり, 次のように定義される.

$$\begin{pmatrix} \Gamma_{11}^1 & \Gamma_{11}^2 \\ \Gamma_{12}^1 & \Gamma_{12}^2 \\ \Gamma_{22}^1 & \Gamma_{22}^2 \end{pmatrix} = \begin{pmatrix} \frac{1}{2}\frac{\partial E}{\partial u} & \frac{\partial F}{\partial v} - \frac{1}{2}\frac{\partial E}{\partial v} \\ \frac{1}{2}\frac{\partial E}{\partial u} & \frac{1}{2}\frac{\partial G}{\partial u} \\ \frac{\partial F}{\partial v} - \frac{1}{2}\frac{\partial G}{\partial u} & \frac{1}{2}\frac{\partial G}{\partial v} \end{pmatrix} \begin{pmatrix} E & F \\ F & G \end{pmatrix}^{-1}$$

―― ワインガルテン（Weingarten）の公式 ――

$$\begin{pmatrix} \frac{\partial n}{\partial u} \\ \frac{\partial n}{\partial v} \end{pmatrix} = -\, \mathcal{H}\mathcal{G}^{-1} \begin{pmatrix} \frac{\partial S}{\partial u} \\ \frac{\partial S}{\partial v} \end{pmatrix}$$

すなわち

$$\frac{\partial n}{\partial u} = \frac{FM - GL}{EG - F^2}\frac{\partial S}{\partial u} + \frac{FL - EM}{EG - F^2}\frac{\partial S}{\partial v}$$

$$\frac{\partial n}{\partial v} = \frac{FN - GM}{EG - F^2}\frac{\partial S}{\partial u} + \frac{FM - EN}{EG - F^2}\frac{\partial S}{\partial v}$$

―― 第1基本量, 第2基本量, クリストッフェル（Christoffel）の記号 ――

$$\mathcal{G} = \begin{pmatrix} g_{11} & g_{12} \\ g_{21} & g_{22} \end{pmatrix} = \begin{pmatrix} E & F \\ F & G \end{pmatrix}$$

$$\mathcal{H} = \begin{pmatrix} h_{11} & h_{12} \\ h_{21} & h_{22} \end{pmatrix} = \begin{pmatrix} L & M \\ M & N \end{pmatrix}$$

$$\Gamma_{ij}^k = \frac{1}{2}\sum_{a=1}^{2} g^{ka}\left(\frac{\partial g_{ai}}{\partial u_j} + \frac{\partial g_{aj}}{\partial u_i} - \frac{\partial g_{ij}}{\partial u_a} \right)$$

ただし, (g^{ij}) は (g_{ij}) の逆行列

---— 平均曲率とガウス曲率（別表現）———

$$\text{平均曲率 } H = \frac{1}{2}\,\text{tr}(\mathcal{H}\mathcal{G}^{-1}) = \frac{1}{2}\,\text{tr}_g(h_{ij})$$

$$\text{ガウス曲率 } K = \det(\mathcal{H}\mathcal{G}^{-1}) = \frac{\det(h_{ij})}{\det(g_{ij})}$$

ここで，$\text{tr}_g(h_{ij}) = \sum_{i,j} g^{ij} h_{ij}$ （g による h のトレース）である．

---— ガウス（Gauss）の公式（別表現）———

$$\frac{\partial^2 S}{\partial u_i \partial u_j} = \sum_{k=1}^{2} \varGamma_{ij}^{k} \frac{\partial S}{\partial u_k} + h_{ij} n$$

---— ワインガルテン（Weingarten）の公式（別表現）———

$$\frac{\partial n}{\partial u_i} = -\sum_{j,k=1}^{2} h_{ij} g^{jk} \frac{\partial S}{\partial u_k}$$

---— 積分可能条件 ———

ガウス（Gauss）の方程式

$$\frac{\partial \varGamma_{jk}^{i}}{\partial u_l} - \frac{\partial \varGamma_{jl}^{i}}{\partial u_k} + \sum_{p=1}^{2}(\varGamma_{jk}^{p}\varGamma_{pl}^{i} - \varGamma_{jl}^{p}\varGamma_{pk}^{i}) = \sum_{p=1}^{2}(h_{jk}h_{lp} - h_{jl}h_{kp})g^{ip}$$

コダッチ - マイナルディ（Codazzi-Mainardi）の方程式

$$\frac{\partial h_{ij}}{\partial u_k} - \frac{\partial h_{ik}}{\partial u_j} + \sum_{p=1}^{2}(\varGamma_{ij}^{p}h_{pk} - \varGamma_{ik}^{p}h_{pl}) = 0$$

---— 曲面と基本量の関係 ———

ガウスの公式
ワインガルテンの公式

曲面 $\Longrightarrow$ $\longleftarrow$ 第 1 基本量 と 第 2 基本量

↑

積分可能条件
ガウスの方程式
コダッチ − マイナルディの方程式

●曲面上の曲線

$C(s) = S(u(s), v(s))$：曲面上の曲線

ダルブー・フレーム（Darboux frame）

$$d_1(s) = C'(s)$$
$$d_3(s) = n(u(s), v(s))$$
$$d_2(s) = d_3(s) \times d_1(s)$$

ダルブー・フレームとフルネ・フレームの関係

$$\begin{pmatrix} d_1(s) \\ d_2(s) \\ d_3(s) \end{pmatrix} = \begin{pmatrix} 1 & 0 & 0 \\ 0 & \cos\theta(s) & -\sin\theta(s) \\ 0 & \sin\theta(s) & \cos\theta(s) \end{pmatrix} \begin{pmatrix} e_1(s) \\ e_2(s) \\ e_3(s) \end{pmatrix}$$

$$\begin{pmatrix} e_1(s) \\ e_2(s) \\ e_3(s) \end{pmatrix} = \begin{pmatrix} 1 & 0 & 0 \\ 0 & \cos\theta(s) & \sin\theta(s) \\ 0 & -\sin\theta(s) & \cos\theta(s) \end{pmatrix} \begin{pmatrix} d_1(s) \\ d_2(s) \\ d_3(s) \end{pmatrix}$$

ここで，$\theta(s)$ は $e_2(s)$ と $d_2(s)$ がなす角度（$e_2(s)$ から $d_2(s)$ へ測った角度）とする．

測地的曲率と測地的捩率

$\kappa_g(s) = d_1'(s) \cdot d_2(s)$　**測地的曲率（geodesic curvature）**

$\tau_g(s) = d_2'(s) \cdot d_3(s)$　**測地的捩率（geodesic torsion）**

法曲率

$$\kappa_n(s) = d_1'(s) \cdot d_3(s)$$

ダルブー・フレームとフルネ・フレームによる曲率・捩率の関係

$$\begin{cases} \kappa_g(s) = \kappa(s)\cos\theta(s) \\ \kappa_n(s) = \kappa(s)\sin\theta(s) \end{cases}$$

特に　$\kappa(s)^2 = \kappa_g(s)^2 + \kappa_n(s)^2$

$$\tau_g(s) = \tau(s) - \theta'(s)$$

──── 法曲率と第2基本量との関係 ────

$$\kappa_n(s) = \sigma \mathcal{H} {}^t\sigma$$
$$= L\left(\frac{du}{ds}\right)^2 + 2M\frac{du}{ds}\frac{dv}{ds} + N\left(\frac{dv}{ds}\right)^2$$

ただし

$$\mathcal{H} = \begin{pmatrix} L & M \\ M & N \end{pmatrix} = \begin{pmatrix} L(u(s),\, v(s)) & M(u(s),\, v(s)) \\ M(u(s),\, v(s)) & N(u(s),\, v(s)) \end{pmatrix}$$

$$\sigma = \left(\frac{du}{ds},\, \frac{dv}{ds}\right) = \left(\frac{du}{ds}(s),\, \frac{dv}{ds}(s)\right)$$

である.

──── ダルブー・フレームによるフルネ–セレの公式 ────

$$\frac{d}{ds}\begin{pmatrix} d_1(s) \\ d_2(s) \\ d_3(s) \end{pmatrix} = \begin{pmatrix} 0 & \kappa_g(s) & \kappa_n(s) \\ -\kappa_g(s) & 0 & \tau_g(s) \\ -\kappa_n(s) & -\tau_g(s) & 0 \end{pmatrix}\begin{pmatrix} d_1(s) \\ d_2(s) \\ d_3(s) \end{pmatrix}$$

──── 曲線の共変微分 ────

$$\frac{D}{ds}C'(s) = \left\lceil \frac{d}{ds}C'(s) = C''(s)\text{の接平面への射影}\right\rfloor$$
$$= \kappa_g(s)d_2(s)$$

──── 測地線 ────

測地線 $\Leftrightarrow$ $\dfrac{D}{ds}C'(s) = 0$ $\Leftrightarrow$ $\kappa_g(s) = 0$

●多様体

多様体

n 次元 C^r 級多様体 $(M, \{(U_i, \varphi_i)\})$ とは，次の2つの条件を満たすものをいう．

（ⅰ）M は位相空間である．さらに，ハウスドルフ空間であるという条件がついている．

（ⅱ）$\{(U_i, \varphi_i)\}$ は M 上の n 次元 C^r 級局所座標系である．

局所座標系を省略して，単に多様体 M と呼ぶ．

接ベクトル

多様体 M 上の点 P に対して，M の点 P における**接ベクトル** (tangent vector) X_P とは，関数 f に実数値 $X_P(f)$ を対応させる写像

$$X_P : C^\infty(M) \longrightarrow \mathbb{R}$$
$$\cup \qquad\qquad\qquad \cup$$
$$f \longmapsto X_P(f)$$

であって，次の2つの条件を満たすもののことをいう．

（ⅰ）線形性　$X_P(af+bg) = aX_P(f) + bX_P(g)$

（ⅱ）積の微分法則　$X_P(fg) = X_P(f)g(P) + f(P)X_P(g)$

ここで，$f, g \in C^\infty(M)$, $a, b \in \mathbb{R}$ である．また，$X_P(f)$ は $X_P f$ と略記されることが多い．

接空間

多様体 M の点 P におけるすべての接ベクトルの集合を

$$T_P M = \{X_P \mid \text{P における接ベクトル}\}$$

と書いて，**接空間** (tangent space) と呼ぶ．このとき，接空間は**線形空間になり**，

$$\left\{ \left(\frac{\partial}{\partial x_1}\right)_P, \cdots, \left(\frac{\partial}{\partial x_n}\right)_P \right\}$$

は，接空間 $T_P M$ の基底になっている．

―――― ベクトル場 ――――

多様体 M 上の C^r 級ベクトル場 (tangent vector field) とは，M の各点 P に対して，$T_P M$ の接ベクトル X_P が対応し，この対応が次の意味で C^r 級であるものをいう．

任意の $f \in C^\infty(M)$ に対して，関数
$$\begin{array}{ccc} Xf : M & \longrightarrow & \mathbb{R} \\ \cup & & \cup \\ P & \longrightarrow & X_P f \end{array}$$
が C^r 級である．

M 上のベクトル場全体からなる集合を $\mathcal{X}(M)$ と書く [3]．

―――― ブラケット ――――

接ベクトル場 $\mathcal{X}(M)$ は**線形空間**であり，その上に**ブラケット** (bracket) と呼ばれる積 $[X, Y]$ が
$$[X, Y]f = X(Yf) - Y(Xf) \quad (\forall f \in C^\infty(M))$$
により定義される．この積は

(1) 線形性
$$[aX + bY, Z] = a[X, Z] + b[Y, Z]$$
$$[X, bY + cZ] = b[X, Y] + c[Y, Z]$$

(2) 交代性
$$[X, Y] = -[Y, X]$$

(3) **ヤコビ恒等式** (Jacobi identity)
$$[[X, Y], Z] + [[Y, Z], X] + [[Z, X], Y] = 0$$

を満たし，$\mathcal{X}(M)$ は**リー代数** (Lie algebra) になる．

---

[3] ベクトル場全体の集合の標準的な記号はなく，$\mathcal{X}(M)$ 以外にもいくつかの流儀がある．

―― 微分写像 ――

多様体 M から多様体 N への C^r 級写像 f に対して，M の各点 P において，線形写像

$$
\begin{array}{ccc}
(df)_P : T_P M & \longrightarrow & T_{f(P)} N \\
\cup & & \cup \\
X_P & \longmapsto & (df)_P(X_P)
\end{array}
$$

を

$$
\{(df)_P(X_P)\}(\eta) \stackrel{\text{定義}}{=} X_P(\eta \circ f) \quad \text{for} \quad \forall \eta \in C^\infty(N)
$$

で定め，$(df)_P$ のことを f の P における**微分写像**(differential map) と呼ぶ．

―― チェイン・ルール ――

$$d(g \circ f)_P = (dg)_{f(P)} \circ (df)_P$$

―― ヤコビ行列 ――

多様体 M, N のそれぞれの局所座標から定まる局所フレーム

$$\left\{ \left(\frac{\partial}{\partial x_1}\right)_P, \cdots, \left(\frac{\partial}{\partial x_m}\right)_P \right\}$$

$$\left\{ \left(\frac{\partial}{\partial y_1}\right)_{f(P)}, \cdots, \left(\frac{\partial}{\partial y_n}\right)_{f(P)} \right\}$$

(線形空間の基底) に対する，微分写像 df_P の線形写像としての行列表現が，**ヤコビ行列**(**Jacobian matrix**)

$$\left(\frac{\partial y_j}{\partial x_i}(P) \right)_{\substack{1 \leq i \leq m \\ 1 \leq j \leq n}}$$

である．

---- 接続 ----

∇ が，多様体 M 上の**接続**(connection) あるいは**共変微分**(covariant derivative) であるとは，写像

$$\nabla : \mathcal{X}(M) \times \mathcal{X}(M) \longrightarrow \mathcal{X}(M)$$
$$\cup \qquad\qquad\qquad \cup$$
$$(X, Y) \longmapsto \nabla_X Y$$

であって，次の 3 つの条件を満たすものをいう．

(1) $C^\infty(M)$-線形性
$$\nabla_{fX+gY} Z = f \nabla_X Z + g \nabla_Y Z \quad (f, g \in C^\infty(M))$$

(2) $\mathbb{R}$-線形性
$$\nabla_X (aY + bZ) = a \nabla_X Z + b \nabla_Y Z \quad (a, b \in \mathbb{R})$$

(3) 積の微分法則
$$\nabla_X (fY) = (Xf) Y + f \nabla_X Y$$

---- 接続係数 ----

$$\nabla_{\frac{\partial}{\partial x_i}} \frac{\partial}{\partial x_j} = \sum_{k=1}^{m} \Gamma_{ij}^k \frac{\partial}{\partial x_k}$$

と表したとき，Γ_{ij}^k を**接続係数**と呼ぶ．

---- 捩率テンソル ----

多様体 M 上の接続 α に対して，T が ∇ の**捩率テンソル**(torsion tensor) であるとは

$$T(X, Y) = \nabla_X Y - \nabla_Y X - [X, Y]$$

で定義される写像

$$T : \mathcal{X}(M) \times \mathcal{X}(M) \longrightarrow \mathcal{X}(M)$$
$$\cup \qquad\qquad\qquad \cup$$
$$(X, Y) \longmapsto T(X, Y)$$

のことをいう．

―― 捩率テンソルの基本的性質 ――

(1) 交代性　$T(X, Y) = -T(Y, X)$
(2) $C^\infty(M)$-線形性
$$T(f_1 X_1 + f_2 X_2, Y) = f_1 T(X_1, Y) + f_2 T(X_2, Y)$$
$$T(X, g_1 Y_1 + g_2 Y_2) = g_1 T(X, Y_1) + g_2 T(X, Y_2)$$
$$(f_1, f_2, g_1, g_2 \in C^\infty(M))$$

―― 捩率テンソルの成分 ――

$$T\left(\frac{\partial}{\partial x_i}, \frac{\partial}{\partial x_j}\right) = \sum_{k=1}^{m} T_{ij}^k \frac{\partial}{\partial x_k}$$

と表したとき，T_{ij}^k を捩率テンソルの**成分**と呼ぶ．このとき

$$T_{ij}^k = \Gamma_{ij}^k - \Gamma_{ji}^k$$

となる．

―― 曲率テンソル ――

多様体 M 上の接続 ∇ に対して，R が ∇ の**曲率テンソル** (curvature tensor) であるとは

$$R(X, Y)Z = \nabla_X \nabla_Y Z - \nabla_Y \nabla_X Z - \nabla_{[X,Y]} Z$$

で定義される写像

$$
\begin{array}{ccc}
R : \mathcal{X}(M) \times \mathcal{X}(M) \times \mathcal{X}(M) & \longrightarrow & \mathcal{X}(M) \\
\cup & & \cup \\
(X, Y, Z) & \longrightarrow & R(X, Y)Z
\end{array}
$$

のことをいう．

―――――――――――― 曲率テンソルの基本的性質 ――――――――――――

(1) 交代性　$R(X, Y)Z = -R(Y, X)Z$
(2) $C^\infty(M)$-線形性
$$R(f_1 X_1 + f_2 X_2, Y)Z = f_1 R(X_1, Y)Z + f_2 R(X_2, Y)Z$$
$$R(X, g_1 Y_1 + g_2 Y_2)Z = g_1 R(X, Y_1)Z + g_2 R(X, Y_2)Z$$
$$R(X, Y)(h_1 Z_1 + h_2 Z_2) = h_1 R(X, Y)Z_1 + h_2 R(X, Y)Z_2$$
$$(f_1, f_2, g_1, g_2, h_1, h_2 \in C^\infty(M))$$
(3) ∇ が tortion free (すなわち，$T = 0$) のとき [4]
$$R(X, Y)Z + R(Y, Z)X + R(Z, X)Y = 0$$
である．

―――――――――――― 曲率テンソルの成分 ――――――――――――

$$R\left(\frac{\partial}{\partial x_i}, \frac{\partial}{\partial x_j}\right)\frac{\partial}{\partial x_k} = \sum_{l=1}^{m} R_{ijk}{}^l \frac{\partial}{\partial x_l}$$

と表したとき，$R_{ijk}{}^l$ を曲率テンソルの**成分**と呼ぶ．

―――――――――――― リーマン計量 ――――――――――――

多様体 M に対して，次の 2 つの条件を満たす $\{g_P\}_{P \in M}$ のことを M 上の**リーマン計量 (Riemannian metric)** あるいは単に**計量 (metric)** と呼び，記号で g と書く．

(1) M の任意の点 P について g_P は $T_P M$ 上の内積である．
(2) 内積 g_P は P について以下の意味で C^∞ 級である：

任意のフレーム
$$\left\{\frac{\partial}{\partial x_1}, \cdots, \frac{\partial}{\partial x_n}\right\}$$
に対して，対応
$$P \longrightarrow g_P\left(\left(\frac{\partial}{\partial x_i}\right)_P, \left(\frac{\partial}{\partial x_j}\right)_P\right) \in \mathbb{R}$$
が C^∞ 級である．

---

[4] $T = 0$ とは，「すべての X, Y について，$T(X, Y) = 0$」という意味である．

---- リーマン計量の成分 ----

$$g_{ij} = g\left(\frac{\partial}{\partial x_i},\ \frac{\partial}{\partial x_j}\right)$$

とおき，g_{ij} を計量テンソル g の**成分**と呼ぶ．

---- リーマン多様体 ----

多様体 M とその上のリーマン計量 g の組 (M, g) のことを**リーマン多様体**（**Riemannian manifold**）と呼ぶ．リーマン多様 (M, g) は，計量 g を省略して単に，リーマン多様体 M と呼ぶことも多い．

---- レビ–チビタ接続 ----

リーマン多様体 (M, g) の上に，"積の微分法則"

$$X(g(Y, Z)) = g(\nabla_X Y,\ Z) + g(Y,\ \nabla_X Z)$$

を満たす接続 ∇ が一意的に存在する．
これを**レビ–チビタ接続**（**Levi–Civita connection**）と呼ぶ．

---- クリストッフェルの記号 ----

レビ–チビタ接続の接続係数 Γ_{ij}^k は

$$\Gamma_{ij}^k = \frac{1}{2}\sum_{a=1}^{m} g^{ka}\left(\frac{\partial g_{ai}}{\partial x_j} + \frac{\partial g_{aj}}{\partial x_i} - \frac{\partial g_{ij}}{\partial x_a}\right)$$

で与えられる．ここで，添え字が上についた g^{ij} は g_{ij} を行列と見たときの逆行列である．このとき，接続係数 Γ_{ij}^k を記号 $\begin{Bmatrix} k \\ ij \end{Bmatrix}$ で表し，**クリストッフェルの記号**（**Christoffel's symbol**）と呼ぶ．

---- リッチ曲率とスカラー曲率 ----

リッチ曲率（**Ricci curvature**）

$$R_{jk} = \sum_{i=1}^{m} R_{ijk}{}^i$$

スカラー曲率（**scalar curvature**）

$$R = \sum_{j,k=1}^{m} g^{jk} R_{jk}$$

記号

曲線

s	曲線の弧長パラメーター
t	曲線のパラメーター
$C(s)$	曲線
$e_1(s), e_2(s), e_3(s)$	ムービング・フレーム
$\kappa(s)$	曲率
$\tau(s)$	捩率

曲面

u, v	曲面のパラメーター
$S(u, v)$	曲面
$n(u, v)$	単位法ベクトル
$\hat{n}(u, v)$	ガウス写像
$E(u, v), F(u, v), G(u, v)$	第1基本量
$L(u, v), M(u, v), N(u, v)$	第2基本量
$P(u, v), Q(u, v), R(u, v)$	第3基本量
$\mathcal{G} = \begin{pmatrix} E & F \\ F & G \end{pmatrix} = \begin{pmatrix} g_{11} & g_{12} \\ g_{21} & g_{22} \end{pmatrix}$	
$\mathcal{H} = \begin{pmatrix} L & M \\ M & N \end{pmatrix} = \begin{pmatrix} h_{11} & h_{12} \\ h_{21} & h_{22} \end{pmatrix}$	
$\mathcal{L} = \begin{pmatrix} P & Q \\ Q & R \end{pmatrix}$	
g^{ij}	行列 g_{ij} の逆行列
I, II, III	第1基本形式, 第2基本形式, 第3基本形式
H	平均曲率
K	ガウス曲率
Γ_{ij}^k	接続係数
$d_1(s), d_2(s), d_3(s)$	ダルブー・フレーム
$\kappa_g(s)$	測地的曲率
$\tau_g(s)$	測地的捩率
$\kappa_n(s)$	法曲率
$\dfrac{D}{ds}$	(曲線に沿う) 共変微分

多様体

M	多様体
$\{(U_i, \varphi_i)\}$	局所座標系
X_P	接ベクトル
X	接ベクトル場
$\mathrm{T}_\mathrm{P}M$	接空間
$[\,,]$	ブラケット
$(df)_\mathrm{P}$	微分写像
$\left\{\dfrac{\partial}{\partial x_1}, \cdots, \dfrac{\partial}{\partial x_n}\right\}$	（座標から定まる）局所フレーム
∇	共変微分
$\varGamma_{ij}^k$	接続係数
T	捩率テンソル
T_{ij}^k	捩率テンソルの成分
R	曲率テンソル
$R_{ijk}{}^l$	曲率テンソルの成分
g	リーマン計量
g_{ij}	リーマン計量の成分
$M = (M, g)$	リーマン多様体
$\left\{{k \atop ij}\right\}$	クリストッフェルの記号
R_{ij}	リッチ曲率の成分
R	スカラー曲率

ギリシャ文字の一覧表

数学では，ギリシャ語のアルファベットを記号として用いることがあります．そこで，ギリシャ文字とその"読み方"（日本語表記）を以下にまとめておくことにします．**日本語表記は，数学において標準的と思われるものを採用しました**[1]．（ほとんどのものは自然科学の分野で標準的です．）

ギリシャ文字 （小文字）	ギリシャ文字 （大文字）	（数学における） 日本語表記	ローマ字つづり
α	A	アルファ	alpha
β	B	ベータ	beta
γ	Γ	ガンマ	gamma
δ	Δ	デルタ	delta
ϵ, ε	E	イプシロン[7]	epsilon
ζ	Z	ゼータ	zeta
η	H	エータ，イータ	eta
θ, ϑ	Θ	シータ，テータ[2]	theta
ι	I	イオタ	iota
κ	K	カッパ	kappa
λ	Λ	ラムダ	lambda
μ	M	ミュー	mu
ν	N	ニュー	nu
ξ	Ξ	クシー，クサイ，グザイ	xi
o	O	オミクロン	omicron
π	Π	パイ	pi
ρ	P	ロー	rho
σ	Σ	シグマ	sigma
τ	T	タウ	tau

υ	Υ	ウプシロン, ユプシロン	upsilon
ϕ, φ	Φ	ファイ	phi
χ	X	カイ	chi
ψ	Ψ	プサイ	psi
ω	Ω	オメガ	omega

---

[1] このように書きましたのも，π（**パイ**），ϕ（**ファイ**），χ（**カイ**），ψ（**プサイ**）については，実際のギリシャ語での発音はそれぞれ**ピー，フィー，キィー，プシー**の方が原音に近いからです．

[7]「エプシロン」の方が原音に近く，そう表記する人もいますが，数学では「イプシロン」が標準的です．

[2] θ を角度の記号として表すときは「シータ」と読むことが多いですが，ϑ や Θ という記号で表される特別な関数は，「テータ関数」と呼ばれています．そのまま「ϑ 関数」とか「Θ 関数」と書くことも多いです．ちなみに，「テータ」の方が，もともとのギリシャ語の発音に近いみたいです．

練習問題の答え

●**練習問題 1.1 の答え**

(1) $C'(t) = (-a\sin t,\ b\cos t)$

(2) $C'(t) = (a\cos t - at\sin t,\ a\sin t + at\cos t)$

(3) $C'(t) = (a(1-\cos t),\ a\sin t)$

例 3 の曲線 (サイクロイド) は，$t = 2n\pi$ (n は整数) において $C'(t) = 0$，すなわち，接ベクトル $C'(t)$ はゼロベクトルになっています．(図の"とがった点"に対応しています．)

●**練習問題 1.2 の答え**

$s(0) = 0$ となるような弧長パラメーター $s = s(t)$ は

$$\begin{aligned} s(t) &= \int_0^t \|C'(t)\| dt \\ &= \int_0^t \sqrt{1+4t^2}\, dt \quad (\because C'(t) = (1,\ 2t)) \\ &= \frac{1}{4}\sinh^{-1}(2t) + \frac{1}{2}t\sqrt{1+4t^2} \\ &= \frac{1}{4}\log(2t + \sqrt{1+4t^2}) + \frac{1}{2}t\sqrt{1+4t^2} \end{aligned}$$

となります．ここで，$\sinh^{-1} x$ は双曲線関数 $\sinh x$ の逆関数です．与えられた曲線は $C(t) = (t,\ t^2)$ ですから，関数 $s(t)$ の逆関数を $t = t(s)$ として

$$C(s) = (t(s),\ t(s)^2)$$

としたものが，求める弧長パラメーター表示です．この解答を見て，「$t(s)$ のままでいいんですか？」と思った人がいるかもしれません．一般に，逆関数 $t(s)$ を初等関数で表示することはできません．弧長パラメーター表示が存在すること，それが初等関数で表示できるかどうかは，まったく別の問題です．

●練習問題 2.1 の答え　合成関数の微分法により，

$$x'(s) = \frac{dx}{ds} = \frac{dx}{dt}\frac{dt}{ds} = \dot{x}(t)t'(s)$$

$$y'(s) = \dot{y}(t)t'(s)$$

$$x''(s) = \frac{d^2x}{ds^2} = \frac{d^2x}{dt^2}\left(\frac{dt}{ds}\right)^2 + \frac{dx}{dt}\frac{d^2t}{ds^2}$$

$$= \ddot{x}(t)t'(s)^2 + \dot{x}(t)t''(s)$$

$$y''(s) = \ddot{y}(t)t'(s)^2 + \dot{y}(t)t''(s)$$

であることに注意すると，

$$x'(s)y''(s) - x''(s)y'(s)$$
$$= (\dot{x}(t)\ddot{y}(t) - \ddot{x}(t)\dot{y}(t))t'(s)^3$$
$$= \frac{\dot{x}(t)\ddot{y}(t) - \ddot{x}(t)\dot{y}(t)}{(\dot{x}(t)^2 + \dot{y}(t)^2)^{\frac{3}{2}}}$$

となります．ここで，s が弧長パラメーターであることから

$$1 = x'(s)^2 + y'(s)^2$$
$$= (\dot{x}(t)^2 + \dot{y}(t)^2)(t'(s))^2,$$

すなわち

$$(t'(s))^2 = \frac{1}{\dot{x}(t)^2 + \dot{y}(t)^2}$$

であることを用いました．

●練習問題 2.2 の答え
(1) 楕円の曲率は，計算すると

$$\kappa(t) = \frac{ab}{(a^2\sin^2 t + b^2\cos^2 t)^{\frac{3}{2}}}$$

となります．$a > b$ のとき，曲率 $\kappa(t)$ は

　(a) $t = n\pi$ (n は整数) のとき，$\frac{a}{b^2}$ で最大

　(b) $t = \frac{\pi}{2} + n\pi$ (n は整数) のとき，$\frac{b}{a^2}$ で最小

になります．一般に，平面曲線の曲率が最大・最小をとる点を，その曲線の

頂点と呼びます[1].

(2) サイクロイドの曲率は，計算すると
$$\kappa(t) = -\frac{1}{(\sqrt{2})^3 a\sqrt{1-\cos t}}$$
$$= -\frac{1}{4a|\sin\frac{t}{2}|}$$

となります．$\dot{C}(t) = 0$ となる点では曲率は定義されていませんが，実際，その点では $\cos t = 1$ で，上式では $\kappa(t) = \infty$ となっています．

練習問題 3.1 の答え　定義にしたがって計算すると
$$e_1(s) = C'(s)$$
$$= \frac{1}{\sqrt{a^2+b^2}}\left(-a\sin\left(\frac{1}{\sqrt{a^2+b^2}}s\right),\ a\cos\left(\frac{1}{\sqrt{a^2+b^2}}s\right),\ b\right)$$
$$e_2(s) = \frac{C''(s)}{\|C''(s)\|}$$
$$= -\left(\cos\left(\frac{1}{\sqrt{a^2+b^2}}s\right),\ \sin\left(\frac{1}{\sqrt{a^2+b^2}}s\right),\ 0\right)$$
$$e_3(s) = e_1(s) \times e_2(s)$$
$$= \frac{1}{\sqrt{a^2+b^2}}\left(b\sin\left(\frac{1}{\sqrt{a^2+b^2}}s\right),\ -b\cos\left(\frac{1}{\sqrt{a^2+b^2}}s\right),\ a\right)$$

となります．

練習問題 3.2 の答え　定義から
$$e_1(s) = C'(s)$$
$$e_1'(s) = C''(s)$$
$$e_2(s) = \frac{C''(s)}{\|C''(s)\|}$$
$$e_2'(s) = \frac{C'''(s)}{\|C''(s)\|} + C''(s)\left(\frac{1}{\|C''(s)\|}\right)'$$

です．したがって

---

[1] 曲率が停留値をとる点，すなわち，曲率の微分が消える点（$\dot{\kappa}(t) = 0$ となる点）を平面曲線の頂点と呼ぶ流儀もあります．

$$\kappa(s) = e_1'(s) \cdot e_2(s)$$
$$= C''(s) \cdot \frac{C''(s)}{\|C''(s)\|}$$
$$= \|C''(s)\|$$

となります．また，「2つの列ベクトルが同じであれば行列式はゼロである」という行列式の性質を用いると

$$\tau(s) = \det(e_1(s),\ e_2(s),\ e_2'(s))$$
$$= \det\left(C'(s),\ \frac{C''(s)}{\|C''(s)\|},\ \frac{C'''(s)}{\|C''(s)\|} + C''(s)\left(\frac{1}{\|C''(s)\|}\right)'\right)$$
$$= \frac{1}{\|C''(s)\|^2}\det(C'(s),\ C''(s),\ C'''(s))$$

となります．

練習問題 3.3 の答え　　練習問題 3.1 で求めた結果から

$$e_1'(s) = -\frac{a}{a^2+b^2}\left(\cos\left(\frac{1}{\sqrt{a^2+b^2}}s\right),\ \sin\left(\frac{1}{\sqrt{a^2+b^2}}s\right),\ 0\right)$$

$$e_2'(s) = \frac{1}{\sqrt{a^2+b^2}}\left(\sin\left(\frac{1}{\sqrt{a^2+b^2}}s\right),\ -\cos\left(\frac{1}{\sqrt{a^2+b^2}}s\right),\ 0\right)$$

であり，したがって

$$\kappa(s) = e_1'(s) \cdot e_2(s) = \frac{a}{a^2+b^2}$$

$$\tau(s) = e_2'(s) \cdot e_3(s) = \frac{b}{a^2+b^2}$$

となります．曲率については，$\kappa(s) = \|e_1'(s)\|$ を用いて計算しても良いです．また，例1の一般のパラメーター表示で，後出の練習問題 3.4 の公式を用いて計算することもできます．

常らせんは曲率と捩率が一定な空間曲線ですが，逆に，曲率と捩率が一定な空間曲線は常らせんに限ることがわかります．

練習問題 3.4 の答え　　合成関数の微分法により

(a) $C'(s) = \dot{C}(t)t'(s)$

(b) $C''(s) = \ddot{C}(t)t'(s)^2 + \dot{C}(t)t''(s)$

(c) $C'''(s) = \dddot{C}(t)t'(s)^3 + 3\ddot{C}(t)t''(s)t'(s) + \dot{C}(t)t'''(s)$

です．ただし，t は s の関数です．したがって，$\|C'(s)\| = 1$ であることに注意すると，(a) より

(d) $$t'(s) = \frac{1}{\|\dot{C}(t)\|}$$

であり，さらに

$$t''(s) = \left(\frac{1}{\|\dot{C}(t)\|}\right)' = \frac{d}{dt}\left(\frac{1}{\|\dot{C}(t)\|}\right)t'(s) = -\frac{\dot{C}(t) \cdot \ddot{C}(t)}{\|\dot{C}(t)\|^4}$$

です[2]．したがって

$$C'(s) = \frac{\dot{C}(t)}{\|\dot{C}(t)\|}$$

$$C''(s) = \frac{1}{\|\dot{C}(t)\|^2}\ddot{C}(t) - \frac{\dot{C}(t) \cdot \ddot{C}(t)}{\|\dot{C}(t)\|^4}\dot{C}(t)$$

となります．以上から

(e) $\kappa(s)^2 = \|e_1'(s)\|^2 = \|C''(s)\|^2$

$$= \left\|\frac{1}{\|\dot{C}(t)\|^2}\ddot{C}(t) - \frac{\dot{C}(t) \cdot \ddot{C}(t)}{\|\dot{C}(t)\|^4}\dot{C}(t)\right\|^2$$

$$= \frac{\|\dot{C}(t)\|^2\|\ddot{C}(t)\|^2 - (\dot{C}(t) \cdot \ddot{C}(t))^2}{\|\dot{C}(t)\|^6}$$

となります．練習問題 3.2 の等式の右辺の分子に (a), (b), (c) を代入し，行列式の性質を用いると

$$\tau(s) = \frac{1}{\|C''(s)\|^2}\det(C'(s),\ C''(s),\ C'''(s))$$

$$\stackrel{\text{(c)}}{=} \frac{\|C'(t)\|^6}{\|\dot{C}(t)\|^2\|\ddot{C}(t)\|^2 - (\dot{C}(t) \cdot \ddot{C}(t))^2} \times t'(s)^6 \det(\dot{C}(t),\ \ddot{C}(t),\ \dddot{C}(t))$$

$$\stackrel{\text{(d)}}{=} \frac{\det(\dot{C}(t),\ \ddot{C}(t),\ \dddot{C}(t))}{\|\dot{C}(t)\|^2\|\ddot{C}(t)\|^2 - (\dot{C}(t) \cdot \ddot{C}(t))^2}$$

---

[2] $\dfrac{d}{dt}\left(\dfrac{1}{\|\dot{C}(t)\|}\right) = \dfrac{d}{dt}(\|\dot{C}(t)\|^2)^{-\frac{1}{2}} = -\dfrac{1}{2}(\|\dot{C}(t)\|^2)^{-\frac{3}{2}} \times 2(\ddot{C}(t) \cdot \dot{C}(t)) = -\dfrac{\ddot{C}(t) \cdot \dot{C}(t)}{\|\dot{C}(t)\|^3}$

となります.

練習問題 4.1 の答え

$$C'(s) = e_1(s)$$
$$C''(s) = e_1'(s) \stackrel{\text{フルネーセレ の公式}}{=} \kappa(s)e_2(s)$$
$$C'''(s) = \kappa'(s)e_2(s) + \kappa(s)e_2'(s)$$
$$\stackrel{\text{フルネーセレ の公式}}{=} \kappa'(s)e_2(s) + \kappa(s)(-\kappa(s)e_1(s) + \tau(s)e_3(s))$$
$$= -\kappa(s)^2 e_1(s) + \kappa'(s)e_2(s) + \kappa(s)\tau(s)e_3(s)$$
$$C''''(s) = -2\kappa(s)\kappa'(s)e_1(s) - \kappa(s)^2 e_1'(s)$$
$$\quad + \kappa''(s)e_2(s) + \kappa'(s)e_2'(s)$$
$$\quad + (\kappa'(s)\tau(s) + \kappa(s)\tau'(s))e_3(s)$$
$$\quad + \kappa(s)\tau(s)e_3'(s)$$
$$\stackrel{\text{フルネーセレ の公式}}{=} -2\kappa(s)\kappa'(s)e_1(s) - \kappa(s)^2(\kappa(s)e_2(s))$$
$$\quad + \kappa''(s)e_2(s) + \kappa'(s)(-\kappa(s)e_1(s) + \tau(s)e_3(s))$$
$$\quad + (\kappa'(s)\tau(s) + \kappa(s)\tau'(s))e_3(s)$$
$$\quad + \kappa(s)\tau(s)(-\tau(s)e_2(s))$$
$$= -3\kappa(s)\kappa'(s)e_1(s)$$
$$\quad + (\kappa''(s) - \kappa(s)^3 - \kappa(s)\tau(s)^2)e_2(s)$$
$$\quad + (2\kappa'(s)\tau(s) + \kappa(s)\tau'(s))e_3(s)$$

です.したがって,「同じ列ベクトルがあるときは,行列式の値がゼロである」という行列式の性質を用いると

$$\det(C''(s),\ C'''(s),\ C''''(s))$$
$$= \det(\kappa(s)e_2(s),\ -\kappa(s)^2 e_1(s),\ (2\kappa'(s)\tau(s)+\kappa(s)\tau'(s))e_3(s))$$
$$+\det(\kappa(s)e_2(s),\ \kappa(s)\tau(s)e_3(s),\ -3\kappa(s)\kappa'(s)e_1(s))$$
$$= \kappa(s)^3(2\kappa'(s)\tau(s)+\kappa(s)\tau'(s))\det(e_1(s),\ e_2(s),\ e_3(s))$$
$$-3\kappa(s)^3\kappa'(s)\tau(s)\det(e_1(s),\ e_2(s),\ e_3(s))$$
$$= \kappa(s)^3(\tau'(s)\kappa(s)-\tau(s)\kappa'(s))$$
$$(\because\ \det(e_1(s),\ e_2(s),\ e_3(s))=1)$$
$$= \kappa(s)^5\frac{\tau'(s)\kappa(s)-\tau(s)\kappa'(s)}{\kappa(s)^2}$$
$$= \kappa(s)^5\frac{d}{ds}\left(\frac{\tau(s)}{\kappa(s)}\right)$$

となり，求める等式が得られます．

ちなみに，$\det(C''(s),\ C'''(s),\ C''''(s))$ の計算に，ベクトルの外積の一般的関係式 $\det(a,\ b,\ c)=a\cdot(b\times c)$ とムービング・フレームの間の関係式 $e_1(s)\times e_2(s)=e_3(s)$ を用いて計算することもできます．

練習問題 4.2 の答え

フルネ–セレの公式を用いると，練習問題 4.1 と同様にして
$$C'(s) = e_1(s)$$
$$C''(s) = \kappa(s)e_2(s)$$
$$C'''(s) = -\kappa(s)^2 e_1(s)+\kappa'(s)e_2(s)+\kappa(s)\tau(s)e_3(s)$$
となります．これらを，$C(s)$ の $s=s_0$ におけるテイラーの定理
$$C(s) = C(s_0)+(s-s_0)C'(s_0)+\frac{1}{2!}(s-s_0)^2 C''(s_0)$$
$$+\frac{1}{3!}(s-s_0)^3 C'''(s_0)+O((s-s_0)^4)$$
に代入すると，求める等式が得られます．

練習問題 4.3 の答え

[1] については

$\iff \kappa(s) = 0$

$\iff C''(s) = 0$
(∵ フルネ–セレの公式より $C''(s) = e_1'(s) = \kappa(s)e_2(s)$)

$\iff$ ある $a, b \in \mathbb{R}^3$ が存在して $C(s) = as + b$

$\iff C(s)$ は直線上にある.

となります.

[2] については

$\iff \tau(s) = 0$

$\iff e_3'(s) = 0$
(∵ フルネ–セレの公式より $e_3'(s) = -\tau(s)e_2(s)$)

$\iff$ ある $a \in \mathbb{R}^3$ が存在して $e_3(s) \equiv a$

$\iff$ ある $a \in \mathbb{R}^3$ が存在して $a \cdot e_1(s) = 0$ かつ $a \cdot e_2(s) = 0$

$\iff$ ある $a \in \mathbb{R}^3$ が存在して, $a \cdot C'(s) = 0$ かつ $a \cdot C''(s) = 0$

$\iff$ ある $a \in \mathbb{R}^3$ と, ある $b \in \mathbb{R}$ が存在して $a \cdot C(s) + b = 0$

$\iff$ ある $a \in \mathbb{R}^3$ と, ある $b \in \mathbb{R}$ が存在して,
$C(s) \in \{x \in \mathbb{R}^3 \mid a \cdot x + b = 0\}$

$\iff$ 曲線 $C(s)$ は平面上にある.

となります.

以上の [1], [2] から, フルネ–セレの公式を用いると

$\kappa(s) = 0 \iff e_1'(s) = 0 \iff C(s)$ は直線上にある

$\tau(s) = 0 \iff e_3'(s) = 0 \iff C(s)$ は平面上にある

ということがわかりました.

練習問題 4.4 の答え

[3] について:

垂線の長さは，三平方の定理より
$$d(\varepsilon)^2 = \|C(s_0+\varepsilon) - C(s_0)\|^2 - |(C(s_0+\varepsilon) - C(s_0)) \cdot C'(s_0)|^2$$
となります．

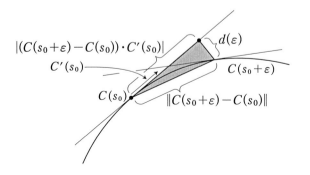

一方，ブーケの公式から
$C(s_0+\varepsilon) - C(s_0)$
$= \varepsilon e_1(s_0) + \dfrac{1}{2!}\varepsilon^2 \kappa(s_0) e_2(s_0)$
$\quad + \dfrac{1}{3!}\varepsilon^3 \{-\kappa(s_0)^2 e_1(s_0) + \kappa'(s_0) e_2(s_0) + \kappa(s_0)\tau(s_0) e_3(s_0)\} + O(\varepsilon^4)$

であることに注意して，代入し計算すると
$$d(\varepsilon)^2 = \dfrac{1}{4}\varepsilon^4 \kappa(s_0)^2 + O(\varepsilon^5)$$
となります．この両辺を ε^4 で割って $\varepsilon \to 0$ とすると，$\kappa(s_0) \geqq 0$ なので求める等式が得られます．

[4] について：$e_3(s_0)$ は，点 $C(s_0)$ における接触平面の法ベクトル（接触平面に垂直なベクトル）です．したがって，$\varphi(\varepsilon)$ は $e_3(s_0)$ と $e_3(s_0+\varepsilon)$ のなす角度です．ゆえに
$$2\sin\dfrac{\varphi(\varepsilon)}{2} = \|e_3(s_0+\varepsilon) - e_3(s_0)\|$$
となります．

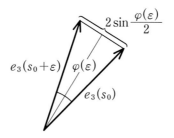

このことから，$\lim_{x \to 0} \frac{\sin x}{x} = 1$ であることに注意すると

$$\lim_{\varepsilon \to 0} \left| \frac{\varphi(\varepsilon)}{\varepsilon} \right| = \lim_{\varepsilon \to 0} \left| \frac{\sin \frac{\varphi(\varepsilon)}{2}}{\frac{\varphi(\varepsilon)}{2}} \right| \lim_{\varepsilon \to 0} \left| \frac{\frac{\varphi(\varepsilon)}{2}}{\frac{\varepsilon}{2}} \right|$$

$$= \lim_{\varepsilon \to 0} \left| \frac{\sin \frac{\varphi(\varepsilon)}{2}}{\frac{\varphi(\varepsilon)}{2}} \cdot \frac{\frac{\varphi(\varepsilon)}{2}}{\frac{\varepsilon}{2}} \right|$$

$$= \lim_{\varepsilon \to 0} \frac{\left| 2 \sin \frac{\varphi(\varepsilon)}{2} \right|}{|\varepsilon|} = \lim_{\varepsilon \to 0} \frac{\| e_3(s_0 + \varepsilon) - e_3(s_0) \|}{|\varepsilon|}$$

が得られます．一方

$$\lim_{\varepsilon \to 0} \frac{\| e_3(s_0 + \varepsilon) - e_3(s_0) \|}{|\varepsilon|} = \left\| \lim_{\varepsilon \to 0} \frac{e_3(s_0 + \varepsilon) - e_3(s_0)}{\varepsilon} \right\|$$

$$= \| e_3'(s) \| \overset{\text{フルネ－セレ}}{\underset{\text{の公式}}{=}} \| -\tau(s_0) e_2(s_0) \| = |\tau(s_0)|$$

であるから，求める等式が得られます．

練習問題 5.1 の答え

楕円面については

$$S(u, v) = (a \cos u \cos v, \ b \cos u \sin v, \ c \sin u)$$

であるので，

$$\frac{\partial S}{\partial u}(u, v) = (-a \sin u \cos v, \ -b \sin u \sin v, \ c \cos u)$$

$$\frac{\partial S}{\partial v}(u, v) = (-a \cos u \sin v, \ b \cos u \cos v, \ 0)$$

となります．

楕円放物面については

$$S(u, v) = (au, \ bv, \ u^2 + v^2)$$

であるので,
$$\frac{\partial S}{\partial u}(u,\ v)=(a,\ 0,\ 2u)$$
$$\frac{\partial S}{\partial v}(u,\ v)=(0,\ b,\ 2v)$$
となります.

練習問題 5.2 の答え

楕円面については,「練習問題 5.1 の答え」に注意すると
$$\frac{\partial S}{\partial u}\times\frac{\partial S}{\partial v}=\left(\begin{vmatrix}-b\sin u\sin v & c\cos u \\ b\cos u\cos v & 0\end{vmatrix},\ \begin{vmatrix}c\cos u & -a\sin u\cos v \\ 0 & -a\cos u\sin v\end{vmatrix},\right.$$
$$\left.\begin{vmatrix}-a\sin u\cos v & -b\sin u\sin v \\ -a\cos u\sin v & b\cos u\cos v\end{vmatrix}\right)$$
$$=(-bc\cos^2 u\cos v,\ -ca\cos^2 u\sin v,\ -ab\sin u\cos u)$$

であり
$$\left\|\frac{\partial S}{\partial u}\times\frac{\partial S}{\partial v}\right\|^2=\{(b^2c^2\cos^2 v+c^2a^2\sin^2 v)\cos^2 u+a^2b^2\sin^2 u\}\cos^2 u$$

となります. したがって $u=\pm\frac{\pi}{2}$ で正則性の条件は満たされていません. $S\left(\pm\frac{\pi}{2},\ v\right)=(0,\ 0,\ \pm c)$ ですから, 楕円面の"北極"と"南極"です. これは曲面の特異点ではなく, パラメーターのとり方によるものです. また
$$n=\frac{\frac{\partial S}{\partial u}\times\frac{\partial S}{\partial v}}{\left\|\frac{\partial S}{\partial u}\times\frac{\partial S}{\partial v}\right\|}$$
$$=\frac{1}{\sqrt{A}}(-bc\cos u\cos v,\ -ca\cos u\sin v,\ -ab\sin u)$$

となります. ここで
$$A=A(u,\ v)$$
$$\stackrel{\text{def}}{=}(b^2c^2\cos^2 v+c^2a^2\sin^2 v)\cos^2 u+a^2b^2\sin^2 u$$

とします. ちなみに, 上記のベクトル n は $u=\pm\frac{\pi}{2}$ (楕円面の"北極"と"南極")の場合も法ベクトルを与えています.

楕円放物面については,「練習問題 5.1 の答え」に注意すると

$$\frac{\partial S}{\partial u} \times \frac{\partial S}{\partial v} = \left(\begin{vmatrix} 0 & 2u \\ b & 2v \end{vmatrix}, \begin{vmatrix} 2u & a \\ 2v & 0 \end{vmatrix}, \begin{vmatrix} a & 0 \\ 0 & b \end{vmatrix} \right)$$
$$= (-2bu, \ -2av, \ ab)$$

であり

$$\left\| \frac{\partial S}{\partial u} \times \frac{\partial S}{\partial v} \right\|^2 = 4b^2 u^2 + 4a^2 v^2 + a^2 b^2 > 0$$

となります.したがって $\frac{\partial S}{\partial u} \times \frac{\partial S}{\partial v} \neq 0$ であるから,ベクトル $\frac{\partial S}{\partial u}$ と $\frac{\partial S}{\partial v}$ は線形独立であり,曲面 $S(u, v)$ は正則性の条件を満たします.さらに

$$n = \frac{\frac{\partial S}{\partial u} \times \frac{\partial S}{\partial v}}{\left\| \frac{\partial S}{\partial u} \times \frac{\partial S}{\partial v} \right\|}$$
$$= \frac{1}{\sqrt{4b^2 u^2 + 4a^2 v^2 + a^2 b^2}} (-2bu, \ -2av, \ ab)$$

となります.

練習問題 5.3 の答え $a = b = c = r$ であることに注意すると,楕円面についての「練習問題 5.2 の答え」より

$$\left\| \frac{\partial S}{\partial u} \times \frac{\partial S}{\partial v} \right\|^2 = r^4 \cos^2 u$$

となります.

$$u \text{ は } -\frac{\pi}{2} \text{ から } \frac{\pi}{2} \text{ まで}$$
$$v \text{ は } 0 \text{ から } 2\pi \text{ まで}$$

動くので,(3) より

$$\text{半径 } r \text{ の球面の面積} = \int_0^{2\pi} \int_{-\frac{\pi}{2}}^{\frac{\pi}{2}} r^2 |\cos u| du dv$$
$$= 2\pi r^2 \int_{-\frac{\pi}{2}}^{\frac{\pi}{2}} \cos u \, du$$
$$= 4\pi r^2$$

練習問題 6.1 の答え

(1)「練習問題 5.1 の答え」より，楕円面の特別な場合 ($a=b=c=r$ の場合) である球面の接ベクトルは

$$\frac{\partial S}{\partial u}(u,\ v) = (-r\sin u\cos v,\ -r\sin u\sin v,\ r\cos u)$$

$$\frac{\partial S}{\partial v}(u,\ v) = (-r\cos u\sin v,\ r\cos u\cos v,\ 0)$$

であるので，第 1 基本量は

$$E(u,\ v) = \left\|\frac{\partial S}{\partial u}(u,\ v)\right\|^2 = r^2$$

$$F(u,\ v) = \frac{\partial S}{\partial u}(u,\ v)\cdot\frac{\partial S}{\partial v}(u,\ v) = 0$$

$$G(u,\ v) = \left\|\frac{\partial S}{\partial v}(u,\ v)\right\|^2 = r^2\cos^2 u$$

となります．

(2)「練習問題 5.1 の答え」より，楕円放物面の接ベクトルは

$$\frac{\partial S}{\partial u}(u,\ v) = (a,\ 0,\ 2u)$$

$$\frac{\partial S}{\partial v}(u,\ v) = (0,\ b,\ 2v)$$

であるので，第 1 基本量は

$$E(u,\ v) = \left\|\frac{\partial S}{\partial u}(u,\ v)\right\|^2 = 4u^2 + a^2$$

$$F(u,\ v) = \frac{\partial S}{\partial u}(u,\ v)\cdot\frac{\partial S}{\partial v}(u,\ v) = 4uv$$

$$G(u,\ v) = \left\|\frac{\partial S}{\partial v}(u,\ v)\right\|^2 = 4v^2 + b^2$$

となります．

練習問題 6.2 の答え この曲面は，パラメーター $x,\ y$ により

$$S(x,\ y) = (x,\ y,\ f(x,\ y))$$

と表されるので

$$\frac{\partial S}{\partial x}(x, y) = \left(1, \ 0, \ \frac{\partial f}{\partial x}(x, y)\right)$$

$$\frac{\partial S}{\partial y}(x, y) = \left(0, \ 1, \ \frac{\partial f}{\partial y}(x, y)\right)$$

となります．したがって，第 1 基本量は

$$E(x, y) = \frac{\partial S}{\partial x}(x, y) \cdot \frac{\partial S}{\partial x}(x, y) = 1 + \left(\frac{\partial f}{\partial x}(x, y)\right)^2$$

$$F(x, y) = \frac{\partial S}{\partial x}(x, y) \cdot \frac{\partial S}{\partial y}(x, y) = \frac{\partial f}{\partial x}(x, y)\frac{\partial f}{\partial y}(x, y)$$

$$G(x, y) = \frac{\partial S}{\partial y}(x, y) \cdot \frac{\partial S}{\partial y}(x, y) = 1 + \left(\frac{\partial f}{\partial y}(x, y)\right)^2$$

となります．

練習問題 6.3 の答え

(1)「練習問題 5.2 の答え」より，楕円面の特別な場合 ($a = b = c = r$ の場合) である球面の法ベクトルは

$$n(u, v) = (-\cos u \cos v, \ -\cos u \sin v, \ -\sin u)$$

となります．また，

$$\frac{\partial^2 S}{\partial u^2}(u, v) = (-r\cos u \cos v, -r\cos u \sin v, -r\sin u)$$

$$\frac{\partial^2 S}{\partial u \partial v}(u, v) = (r\sin u \sin v, -r\sin u \cos v, 0)$$

$$\frac{\partial^2 S}{\partial v^2}(u, v) = (-r\cos u \cos v, -r\cos u \sin v, 0)$$

であるので，第 2 基本量は

$$L(u, v) = \frac{\partial^2 S}{\partial u^2}(u, v) \cdot n(u, v) = r$$

$$M(u, v) = \frac{\partial^2 S}{\partial u \partial v}(u, v) \cdot n(u, v) = 0$$

$$N(u, v) = \frac{\partial^2 S}{\partial v^2}(u, v) \cdot n(u, v) = r\cos^2 u$$

となります．

(2)「練習問題 5.2 の答え」より，楕円放物面の法ベクトルは

$$n(u,\ v) = \frac{1}{\sqrt{4b^2u^2+4a^2v^2+a^2b^2}}(-2bu,\ -2av,\ ab)$$

であり，一方，

$$\frac{\partial^2 S}{\partial u^2}(u,\ v) = (0,\ 0,\ 2)$$

$$\frac{\partial^2 S}{\partial u \partial v}(u,\ v) = (0,\ 0,\ 0)$$

$$\frac{\partial^2 S}{\partial v^2}(u,\ v) = (0,\ 0,\ 2)$$

であるので，第 2 基本量は

$$L(u,\ v) = \frac{\partial^2 S}{\partial u^2}(u,\ v) \cdot n(u,\ v)$$

$$= \frac{2ab}{\sqrt{4b^2u^2+4a^2v^2+a^2b^2}}$$

$$M(u,\ v) = \frac{\partial^2 S}{\partial u \partial v}(u,\ v) \cdot n(u,\ v) = 0$$

$$N(u,\ v) = \frac{\partial^2 S}{\partial v^2}(u,\ v) \cdot n(u,\ v)$$

$$= \frac{2ab}{\sqrt{4b^2u^2+4a^2v^2+a^2b^2}}$$

となります．

練習問題 6.4 の答え 「練習問題 6.2 の答え」より，

$$\frac{\partial S}{\partial x}(x,\ y) \times \frac{\partial S}{\partial y}(x,\ y)$$

$$= \left(\begin{vmatrix} 0 & \frac{\partial f}{\partial x}(x,\ y) \\ 1 & \frac{\partial f}{\partial y}(x,\ y) \end{vmatrix},\ \begin{vmatrix} \frac{\partial f}{\partial x}(x,\ y) & 1 \\ \frac{\partial f}{\partial y}(x,\ y) & 0 \end{vmatrix},\ \begin{vmatrix} 1 & 0 \\ 0 & 1 \end{vmatrix} \right)$$

$$= \left(-\frac{\partial f}{\partial x}(x,\ y),\ -\frac{\partial f}{\partial y}(x,\ y),\ 1 \right)$$

となります．したがって，単位法ベクトルは

$$n(x,\ y) = \frac{\dfrac{\partial S}{\partial u}(u,\ v) \times \dfrac{\partial S}{\partial v}(u,\ v)}{\left\| \dfrac{\partial S}{\partial u}(u,\ v) \times \dfrac{\partial S}{\partial v}(u,\ v) \right\|}$$

$$= \frac{1}{\sqrt{1 + \left(\dfrac{\partial f}{\partial x}(x,\ y)\right)^2 + \left(\dfrac{\partial f}{\partial y}(x,\ y)\right)^2}}$$

$$\left(-\frac{\partial f}{\partial x}(x,\ y),\ -\frac{\partial f}{\partial y}(x,\ y),\ 1\right)$$

となります. 一方,

$$\frac{\partial^2 S}{\partial x^2}(x,\ y) = \left(0,\ 0,\ \frac{\partial^2 f}{\partial x^2}(x,\ y)\right)$$

$$\frac{\partial^2 S}{\partial x\,\partial y}(x,\ y) = \left(0,\ 0,\ \frac{\partial^2 f}{\partial x\,\partial y}(x,\ y)\right)$$

$$\frac{\partial^2 S}{\partial y^2}(x,\ y) = \left(0,\ 0,\ \frac{\partial^2 f}{\partial y^2}(x,\ y)\right)$$

であるので, 第2基本量は

$$L(x,\ y) = \frac{\partial^2 S}{\partial x^2}(x,\ y) \cdot n(x,\ y)$$

$$= \frac{\dfrac{\partial^2 f}{\partial x^2}(x,\ y)}{\sqrt{1 + \left(\dfrac{\partial f}{\partial x}(x,\ y)\right)^2 + \left(\dfrac{\partial f}{\partial y}(x,\ y)\right)^2}}$$

$$M(x,\ y) = \frac{\partial^2 S}{\partial x\,\partial y}(x,\ y) \cdot n(x,\ y)$$

$$= \frac{\dfrac{\partial^2 f}{\partial x\,\partial y}(x,\ y)}{\sqrt{1 + \left(\dfrac{\partial f}{\partial x}(x,\ y)\right)^2 + \left(\dfrac{\partial f}{\partial y}(x,\ y)\right)^2}}$$

$$N(x,\ y) = \frac{\partial^2 S}{\partial y^2}(x,\ y) \cdot n(x,\ y)$$

$$= \frac{\dfrac{\partial^2 f}{\partial y^2}(x,\ y)}{\sqrt{1 + \left(\dfrac{\partial f}{\partial x}(x,\ y)\right)^2 + \left(\dfrac{\partial f}{\partial y}(x,\ y)\right)^2}}$$

となります.

練習問題 7.1 の答え これは単純な計算問題です．

行列 $\mathcal{H}\mathcal{G}^{-1}$ を計算すると

$$\mathcal{H}\mathcal{G}^{-1} = \begin{pmatrix} L & M \\ M & N \end{pmatrix} \begin{pmatrix} E & F \\ F & G \end{pmatrix}^{-1}$$

$$= \frac{1}{EG-F^2} \begin{pmatrix} L & M \\ M & N \end{pmatrix} \begin{pmatrix} G & -F \\ -F & E \end{pmatrix}$$

$$= \frac{1}{EG-F^2} \begin{pmatrix} GL-FM & -FL+EM \\ GM-FN & -FM+EN \end{pmatrix}$$

となり，求める等式

$$\mathrm{tr}(\mathcal{H}\mathcal{G}^{-1}) = \frac{GL-2FM+EN}{EG-F^2}$$

$$\det(\mathcal{H}\mathcal{G}^{-1}) = \frac{\det \mathcal{H}}{\det \mathcal{G}} = \frac{LN-M^2}{EG-F^2}$$

が得られます．

練習問題 7.2 の答え

(1)「練習問題 6.1 の答え」より，球面の第 1 基本量は

$$E(u, v) = r^2$$
$$F(u, v) = 0$$
$$G(u, v) = r^2 \cos^2 u$$

であり，また「練習問題 6.3 の答え」より，球面の第 2 基本量は

$$L(u, v) = r$$
$$M(u, v) = 0$$
$$N(u, v) = r\cos^2 u$$

であるので，平均曲率 H とガウス曲率 K は

$$H = \frac{1}{2} \frac{EN-2FM+GL}{EG-F^2}$$

$$= \frac{1}{2} \frac{2r^3 \cos^2 u}{r^4 \cos^2 u}$$

$$= \frac{1}{r}$$

$$K = \frac{LN-M^2}{EG-F^2}$$
$$= \frac{r^2\cos^2 u}{r^4\cos^2 u}$$
$$= \frac{1}{r^2}$$

となります．

(2)「練習問題 6.1 の答え」より，楕円放物面の第 1 基本量は

$$E(u,\ v) = 4u^2 + a^2$$
$$F(u,\ v) = 4uv$$
$$G(u,\ v) = 4v^2 + b^2$$

であり，また，「練習問題 6.3 の答え」より，第 2 基本量は

$$L(u,\ v) = \frac{2ab}{\sqrt{4b^2u^2 + 4a^2v^2 + a^2b^2}}$$
$$M(u,\ v) = 0$$
$$N(u,\ v) = \frac{2ab}{\sqrt{4b^2u^2 + 4a^2v^2 + a^2b^2}}$$

であるので，平均曲率 H とガウス曲率 K は

$$H = \frac{1}{2}\frac{EN - 2FM + GL}{EG - F^2}$$
$$= \frac{ab(4u^2 + 4v^2 + a^2 + b^2)}{(4b^2u^2 + 4a^2v^2 + a^2b^2)^{\frac{3}{2}}}$$
$$K = \frac{LN - M^2}{EG - F^2}$$
$$= \frac{4a^2b^2}{(4b^2u^2 + 4a^2v^2 + a^2b^2)^2}$$

となります．

練習問題 8.1 の答え

「ガウス」をつかったダジャレの例です．

初級　ガウスが，うすい髪

ガウスがうすい髪

中級　ガウスが否定しています．「ちがうッス」

ち・ガウス

上級　とても有名な…

ミッキーガウス　　**ミッキーマウス**　　ミッキーハウス

練習問題 9.1 の答え

線織曲面

(a) $$S(u, v) = C(u) + v e(u) \quad (\|e(u)\| = 1)$$

に対しては

$$\text{錐面} \iff C(u) = C_0 \text{（定ベクトル）}$$
$$\text{柱面} \iff e(u) = e_0 \text{（定ベクトル）}$$

という対応があり，上記のどちらでもない場合が，一般の接線曲面になります．このことを頭のスミにおいて，以下の議論を見てください．

まず，定義にしたがって計算すると，線織曲面(a)のガウス曲率は

(b) $$K = -\frac{1}{(EG-F^2)^2} \{\det(C'(u), e'(u), e(u))\}^2$$

となります．特に，線織曲面のガウス曲率は非正です．また，(b) より

$$K = 0$$
$$\iff$$
$$\det(C'(u), e'(u), e(u)) = 0$$
$$\iff$$
ベクトル $C'(u), e'(u), e(u)$ は線形従属
$$\iff$$

(c) $$a_1(u) C'(u) + a_2(u) e'(u) + a_3(u) e(u) = 0$$
$$(a_1(u), a_2(u), a_3(u) \text{のうち，いずれかはゼロでない})$$

ここで，線形関係式の係数 a_1, a_2, a_3 は u ごとに定まるので，u の関数として $a_1(u), a_2(u), a_3(u)$ と書きました．

$a_1(u) = 0$ の場合は，$\|e(u)\| = 1$ と $e'(u) \cdot e(u) = 0$ に注意して，(c) の辺々と $e(u)$ の内積をとると，$a_3(u) = 0$ が得られます．このとき，仮定より $a_2(u) \neq 0$ なので $e'(u) = 0$，すなわち，$e(u) = e_0$ となり，曲面は柱面になります．

$a_1(u) \neq 0$ の場合は，(c) は

(d) $$C'(u) + b_1(u) e'(u) + b_2(u) e(u) = 0$$

の形に書けます．そこで，

$$\overline{C}(u) = C(u) + b_1(u) e(u)$$

とおくと, $\overline{C}'(u) = 0$ の場合は $C(u) + b_1(u)e(u) = \overline{C}(u) = C_0$ (定ベクトル) となり, $C(u) = C_0 - b_1(u)e(u)$ であるから,
$$S(u, v) = C_0 + (v - b_1(u))e(u)$$
となります. 新しいパラメーター $\overline{v} = v - b_1(u)$ をとり, パラメーター u, v から $u, \overline{v}$ への変換を行うと
$$S(u, \overline{v}) = C_0 + \overline{v}e(u)$$
となり, 曲面は錐面となります.

$\overline{C}'(u) \neq 0$ の場合は
$$\overline{C}'(u) = C'(u) + b_1'(u)e(u) + b_1(u)e'(u)$$
$$\stackrel{\text{(d)}}{=} (b_1'(u) - b_2(u))e(u)$$
に注意すると, $b_1'(u) - b_2(u) \neq 0$ です. このとき,
$$S(u, v) = C(u) + b_1(u)e(u) + (v - b_1(u))e(u)$$
$$= \overline{C}(u) + \frac{v - b_1(u)}{b_1'(u) - b_2(u)} \overline{C}'(u)$$
となるので, 新しいパラメーター $\overline{v}$ を
$$\overline{v} = \overline{v}(u, v) = \frac{v - b_1(u)}{b_1'(u) - b_2(u)}$$
とおいて, パラメーター (u, v) から $(u, \overline{v})$ への変数変換を行うと,
$$S(u, \overline{v}) = \overline{C}(u) + \overline{v}\overline{C}'(u)$$
となります. これは, 与えられた曲面が, 曲線 $\overline{C}(s)$ に関する接線曲面であることを示しています.

以上で, ガウス曲率がいたるところゼロである線織曲面は本質的に, 柱面, 錐面, 接線曲面のいずれかであることがわかりました.

上記の議論の中で,
$$e'(u) = 0 \Longrightarrow e(u) = e_0$$
$$\overline{C}'(u) = 0 \Longrightarrow \overline{C}(u) = C_0$$
というのは,「ある点 u で $e'(u) = 0$」でなくて「ある点の近傍で $e'(u) = 0$」の意味で使っています. $\overline{C}'(u) = 0$ についても同様です. これが成り立たない $e'(u)$ の零点と $C'(u)$ の零点の集合を Z とすると, 曲面上では除外点の集合が $S(\{(u, v) | u \in Z\})$ としてあらわれます. それ以外の点

では，上記の議論が成り立ち，柱面，錐面，接線曲面のいずれかになります．除外点の集合で，これらがなめらかに接続された形をしています．例えば，柱面と錐面が直線でなめらかに接続された可展面は次の図のようになります．

逆に，柱面，錐面，接線曲面であれば，ガウス曲率がゼロになることは(b)で直接計算すれば直ちにわかります．

可展面は，「$K=0$ を満たす線織曲面」であると定義できます．

練習問題 10.1 の答え
等式(4)の証明

$$e_1'(s) \cdot e_2(s) = \kappa(s)$$
$$e_1'(s) \cdot e_3(s) = \kappa(s) e_2(s) \cdot e_3(s) = 0$$

であることに注意すると

$$\begin{aligned}
\kappa_g(s) &= d_1'(s)\cdot d_2(s) \\
&= e_1'(s)\cdot(\cos\theta(s)e_2(s)-\sin\theta(s)e_3(s)) \\
&= e_1'(s)\cdot e_2(s)\cos\theta(s)-e_1'(s)\cdot e_3(s)\sin\theta(s) \\
&= \kappa(s)\cos\theta(s)
\end{aligned}$$

であり，また

$$\begin{aligned}
\kappa_n(s) &= d_1'(s)\cdot d_3(s) \\
&= e_1'(s)\cdot(\sin\theta(s)e_2(s)+\cos\theta(s)e_3(s)) \\
&= e_1'(s)\cdot e_2(s)\sin\theta(s)+e_1'(s)\cdot e_3(s)\cos\theta(s) \\
&= \kappa(s)\sin\theta(s)
\end{aligned}$$

となります．

等式(5)の証明

$$\begin{aligned}
d_2'(s) &= (\cos\theta(s)e_2(s)-\sin\theta(s)e_3(s))' \\
&= -\theta'(s)\sin\theta(s)e_2(s)+\cos\theta(s)e_2'(s) \\
&\quad -\theta'(s)\cos\theta(s)e_3(s)-\sin\theta(s)e_3'(s) \\
&= -\theta'(s)\sin\theta(s)e_2(s) \\
&\quad +\cos\theta(s)(-\kappa(s)e_1(s)+\tau(s)e_3(s)) \\
&\quad -\theta'(s)\cos\theta(s)e_3(s)-\sin\theta(s)(-\tau(s)e_2(s)) \\
&= -\kappa(s)\cos\theta(s)e_1(s)+(\tau(s)-\theta'(s))\sin\theta(s)e_2(s) \\
&\quad +(\tau(s)-\theta'(s))\cos\theta(s)e_3(s)
\end{aligned}$$

であり，また

$$d_3(s)=\sin\theta(s)e_2(s)+\cos\theta(s)e_3(s)$$

であるから

$$\begin{aligned}
\tau_g(s) &= d_2'(s)\cdot d_3(s) \\
&= (\tau(s)-\theta'(s))(\sin^2\theta(s)+\cos^2\theta(s)) \\
&= \tau(s)-\theta'(s)
\end{aligned}$$

となります．

練習問題 10.2 の答え 簡単のため，パラメーターの表示 s を一部省略して計算します．

$$d_1(s) = C'(s) = (S(u(s), v(s)))' = \frac{\partial S}{\partial u}\frac{du}{ds} + \frac{\partial S}{\partial v}\frac{dv}{ds}$$

より，

$$d_1'(s) = \frac{\partial^2 S}{\partial u^2}\left(\frac{du}{ds}\right)^2 + 2\frac{\partial^2 S}{\partial u \partial v}\frac{du}{ds}\frac{dv}{ds} + \frac{\partial^2 S}{\partial v^2}\left(\frac{dv}{ds}\right)^2$$

$$+ \frac{\partial S}{\partial u}\frac{d^2 u}{ds^2} + \frac{\partial S}{\partial v}\frac{d^2 v}{ds^2}$$

となります．そこで $\frac{\partial S}{\partial u} \cdot n = \frac{\partial S}{\partial v} \cdot n = 0$ に注意すれば

$$\kappa_n(s) = d_1'(s) \cdot d_3(s)$$
$$= d_1'(s) \cdot n(u(s), v(s))$$
$$= \left(\frac{\partial^2 S}{\partial u^2} \cdot n\right)\left(\frac{du}{ds}\right)^2 + 2\left(\frac{\partial^2 S}{\partial u \partial v} \cdot n\right)\frac{du}{ds}\frac{dv}{ds}$$
$$+ \left(\frac{\partial^2 S}{\partial v^2} \cdot n\right)\left(\frac{dv}{ds}\right)^2$$
$$= L\left(\frac{du}{ds}\right)^2 + 2M\frac{du}{ds}\frac{dv}{ds} + N\left(\frac{dv}{ds}\right)^2$$
$$= \left(\frac{du}{ds}, \frac{dv}{ds}\right)\begin{pmatrix} L & M \\ M & N \end{pmatrix}\begin{pmatrix} \frac{du}{ds} \\ \frac{dv}{ds} \end{pmatrix}$$

となります．(82 ページの「曲面の法曲率」の計算と同じです．)

練習問題 10.3 の答え

簡単のため，記号として，ダルブー・フレームとフルネ・フレームに対応して

$$D = \begin{pmatrix} d_1 \\ d_2 \\ d_3 \end{pmatrix}, \; E = \begin{pmatrix} e_1 \\ e_2 \\ e_3 \end{pmatrix}$$

とおきます．一方，行列 T をフルネ－セレの公式に出てくる係数からなる行列，すなわち，

$$T = \begin{pmatrix} 0 & \kappa & 0 \\ -\kappa & 0 & \tau \\ 0 & -\tau & 0 \end{pmatrix}$$

とおくと，フルネ－セレの公式は

(a) $$\frac{dE}{ds} = TE$$

と書けます．一方，

$$R = \begin{pmatrix} 1 & 0 & 0 \\ 0 & \cos\theta & \sin\theta \\ 0 & -\sin\theta & \cos\theta \end{pmatrix}$$

とおくと，ダルブー・フレームとフルネ・フレームの間の関係 (121 ページの変換式 (3)) は

(b) $$E = RD$$

となります．この両辺を微分すると

(c) $$\frac{dE}{ds} = \frac{dR}{ds}D + R\frac{dD}{ds}$$

が得られます．(b)，(c) を (a) に代入し，両辺に左から R^{-1} をかけて変形すると

$$\frac{dD}{ds} = \left(R^{-1}TR - R^{-1}\frac{dR}{ds}\right)D$$

となります．さらに，計算により

$$R^{-1}TR - R^{-1}\frac{dR}{ds} = \begin{pmatrix} 0 & \kappa\cos\theta & \kappa\sin\theta \\ -\kappa\cos\theta & 0 & \tau - \theta' \\ -\kappa\sin\theta & -\tau + \theta' & 0 \end{pmatrix}$$

$$= \begin{pmatrix} 0 & \kappa_g & \kappa_n \\ -\kappa_g & 0 & \tau_g \\ -\kappa_n & -\tau_g & 0 \end{pmatrix}$$

であることが確かめられ，求める公式が得られます．

練習問題 11.1 の答え

r が十分小さいとき，管状近傍の"表面" $S_r(C)$ の点 P は

$$P(s, \theta) = C(s) + r\cos\theta\, e_2(s) + r\sin\theta\, e_3(s)$$

と一意的に表せるので [3]，

---

[3] 「一意的に」という部分に，r が十分小さいことを用います．

$$\frac{\partial \mathrm{P}}{\partial s} = C' + r\cos\theta\, e_2' + r\sin\theta\, e_3'$$

$$\overset{\text{フルネーセレ}}{\underset{\text{の公式}}{=}} e_1 + r\cos\theta(-\kappa e_1 + \tau e_3) + r\sin\theta(-\tau e_2)$$

$$= (1 - r\kappa\cos\theta)e_1 - r\tau\sin\theta\, e_2 + r\tau\cos\theta\, e_3$$

$$\frac{\partial \mathrm{P}}{\partial \theta} = -r\sin\theta\, e_2 + r\cos\theta\, e_3$$

となります.よって,$e_2 \times e_2 = e_3 \times e_3 = 0$ に注意して

$$\frac{\partial \mathrm{P}}{\partial s} \times \frac{\partial \mathrm{P}}{\partial \theta} = (1 - r\kappa\cos\theta)(-r\sin\theta)e_1 \times e_2$$
$$+ (1 - r\kappa\cos\theta)(r\cos\theta)e_1 \times e_3$$
$$+ (-r\tau\sin\theta)(r\cos\theta)e_2 \times e_3$$
$$+ (r\tau\cos\theta)(-r\sin\theta)e_3 \times e_2$$
$$= -(1 - r\kappa\cos\theta)r\cos\theta\, e_2 - (1 - r\kappa\cos\theta)r\sin\theta\, e_3$$
$$(\because e_1 \times e_2 = e_3,\ e_2 \times e_3 = -e_3 \times e_2 = e_1,\ e_1 \times e_3 = -e_2)$$

となり,したがって

$$\left\| \frac{\partial \mathrm{P}}{\partial s} \times \frac{\partial \mathrm{P}}{\partial \theta} \right\|^2 = (1 - r\kappa\cos\theta)^2 r^2$$

となります.ゆえに,r が十分小さいときには

$$\left\| \frac{\partial \mathrm{P}}{\partial s} \times \frac{\partial \mathrm{P}}{\partial \theta} \right\| = (1 - r\kappa\cos\theta)r$$

であることがわかります.管状近傍の表面 $S_r(C)$ は,2 つのパラメーター s, θ をもつ曲面 $P(s, \theta)$ なので

$$S_r(C)\text{の面積} = \int_0^{2\pi}\int_0^L \left\| \frac{\partial P}{\partial s} \times \frac{\partial P}{\partial \theta} \right\| ds d\theta$$
$$= \int_0^{2\pi}\int_0^L (1 - r\kappa\cos\theta)r\, ds d\theta$$
$$= 2\pi rL - r^2 \int_0^{2\pi}\cos\theta d\theta \int_0^L \kappa ds$$
$$= 2\pi rL$$
$$= (\text{半径 } r \text{ の円周の長さ}) \times (\text{曲線 } C \text{ の長さ})$$

となります.

練習問題 12.1 の答え　145 ページの (3) より

$$\frac{\partial S_r}{\partial u} = \frac{\partial S}{\partial u} + r\frac{\partial n}{\partial u}$$

$$\frac{\partial S_r}{\partial v} = \frac{\partial S}{\partial v} + r\frac{\partial n}{\partial v}$$

であるので，曲面 S_r の第 1 基本量を E_r, F_r, G_r とすると

(a)
$$\begin{aligned}
E_r &= \frac{\partial S_r}{\partial u} \cdot \frac{\partial S_r}{\partial u} \\
&= \left(\frac{\partial S}{\partial u} + r\frac{\partial n}{\partial u}\right) \cdot \left(\frac{\partial S}{\partial u} + r\frac{\partial n}{\partial u}\right) \\
&= \frac{\partial S}{\partial u} \cdot \frac{\partial S}{\partial u} + 2r\frac{\partial S}{\partial u} \cdot \frac{\partial n}{\partial u} + r^2 \frac{\partial n}{\partial u} \cdot \frac{\partial n}{\partial u} \\
&= E - 2rL + r^2 P
\end{aligned}$$

となります．ここで，L, M, N は曲面 S の第 2 基本量，P, Q, R は曲面 S の第 3 基本量です．同様に

(b) $$\begin{cases} F_r = F - 2rM + r^2 Q \\ G_r = G - 2rN + r^2 R \end{cases}$$

であることが確かめられます．したがって，特に

(c) $$\begin{cases} E_r = E - 2rL + O(r^2) \\ F_r = F - 2rM + O(r^2) \\ G_r = G - 2rN + O(r^2) \end{cases}$$

です．このとき

$$\begin{aligned}
E_r G_r &- F_r^2 \\
&= (E - 2rL + O(r^2))(G - 2rN - O(r^2)) - (F - 2rM + O(r^2))^2 \\
&= EG - F^2 - 2r(EN - 2FM + GL) + O(r^2) \\
&= (EG - F^2)\left\{1 - 2r\frac{EN - 2FM + GL}{EG - F^2} + O(r^2)\right\} \\
&= (EG - F^2)\{1 - 4rH + O(r^2)\}
\end{aligned}$$

となります．したがって，r が十分小さいとき $\sqrt{1+r} = 1 + \frac{1}{2}r + O(r^2)$ であることに注意すると

$$\begin{aligned}
\sqrt{E_r G_r - F_r^2} &= \sqrt{EG - F^2}\sqrt{1 - 4rH + O(r^2)} \\
&= \sqrt{EG - F^2}\{1 - 2rH + O(r^2)\}
\end{aligned}$$

が得られます．この両辺を積分すると

$$\text{曲面 } S_r \text{ の面積} = \int_D \sqrt{E_r G_r - F_r}\, du dv$$
$$= \int_D \sqrt{EG - F^2}\, du dv - 2r \int_D H\sqrt{EG - F^2}\, du dv + O(r^2)$$
$$= \text{曲面 } S \text{ の面積} - 2r \int_D H d\omega + O(r^2)$$

となって，求める結論が得られます．

先生：(c) を用いる代わりに，(a)，(b) を使って計算してみると，曲面 S_r の面積の r に関する漸近展開の係数は，第1基本量，第2基本量と第3基本量だけで決まることがわかる[4]．

学生：複雑ですね．

先生：曲線の場合がうまくいっていると考えた方が良いだろうな．

練習問題 13.1 の答え

以下では関数 f に作用する形で書くべきところを，例えば $X(Yf)$ を XY というように，作用の部分だけの計算で記述しています．

---

[4] 第3基本量は，第1基本量と第2基本量で書けるので（66ページ参照），漸近展開の係数は，第1基本量と第2基本量のみで定まることになります．

$$[[X, Y], Z]+[[Y, Z], X]+[[Z, X], Y]$$
$$=[X, Y]Z-Z[X, Y]+[Y, Z]X-X[Y, Z]$$
$$+[Z, X]Y-Y[Z, X]$$
$$=(XY-YX)Z-Z(XY-YX)+(YZ-ZY)X$$
$$-X(YZ-ZY)+(ZX-XZ)Y-Y(ZX-XZ)$$
$$=XYZ-YXZ-ZXY+ZYX+YZX-ZYX$$
$$-XYZ+XZY+ZXY-XZY-YZX+YXZ$$
$$=0$$

練習問題 13.2 の答え　任意の $\eta \in C^\infty(M)$ に対して
$$\{d(g \circ f)_P(X_P)\}\eta = X_P(\eta \circ (g \circ f))$$
$$= X_P((\eta \circ g) \circ f)$$
$$= ((df)_P(X_P))(\eta \circ g)$$
$$= \{(dg)_{f(P)}((df)_P(X_P))\}\eta$$
$$= \{((dg)_{f(P)} \circ (df)_P)(X_P)\}\eta$$
となり，求める等式が得られます．

練習問題 13.3 の答え　任意の $\eta \in C^\infty(M)$ に対して
$$\left\{(df)_P\left(\left(\frac{\partial}{\partial x_i}\right)_P\right)\right\}\eta = \left(\frac{\partial}{\partial x_i}\right)_P(\eta \circ f)$$
$$= \frac{\partial(\eta \circ f)}{\partial x_i}(P)$$
$$\underset{\substack{\text{多変数の場合の} \\ \text{合成関数の微分法より}}}{=} \sum_{j=1}^n \frac{\partial y_j}{\partial x_i}(P)\frac{\partial \eta}{\partial y_j}(f(P))$$
$$= \sum_{j=1}^n \frac{\partial y_j}{\partial x_i}(P)\left(\frac{\partial}{\partial y_j}\right)_{f(P)}\eta$$
であるので
$$(df)_P\left(\left(\frac{\partial}{\partial x_i}\right)_P\right) = \sum_{j=1}^n \frac{\partial y_i}{\partial x_i}(P)\left(\frac{\partial}{\partial y_j}\right)_{f(P)}$$
となります．基底 $\left(\frac{\partial}{\partial x_i}\right)_P$, $\left(\frac{\partial}{\partial y_j}\right)_{f(P)}$ に関する $(df)_P$ の表現行列はヤコビ

行列 $\dfrac{\partial y_i}{\partial x_i}(\mathrm{P})$ であることを示しています．

でも，それがどんなに大事なことか
おとなにはぜんぜんわからないだろう
サン＝テグジュペリ
　　　「星の王子さま」（新潮文庫）

付録：Q and A

質問 微分幾何学を勉強するのに必要なものは何ですか？

回答 必要なのは，微分積分学（特に微分）と線形代数の基本的事柄だけです．

「関係式をどんどん微分して幾何学的量を見つけ，
その量を用いて対象の幾何学的性質を調べる」

というのが，微分幾何学の基本的精神です．

質問 微分幾何学はおもしろいですね．

回答 微分幾何学は，解析や代数の計算もできて絵も描ける分野です．論理的思考の左脳と，ビジュアル思考の右脳の両方を用いるので，とてもかしこい人間になれます．

質問 数学は難しいです…

回答 数学は積み上げ式の学問であり，山登りと同じで，一歩一歩の積み重ねが重要です．登っていると，あるとき視界が開けてきて，良い眺めの場所に出ます．山登りも数学も日頃のトレーニングが重要です．

質問 平面曲線と空間曲線の曲率の違いが，まだよく分かりません．

回答 定義はどちらも $\kappa(s) = e_1'(s) \cdot e_2(s)$ で同じですが，平面曲線の

$e_2(s)$ は接ベクトル $e_1(s)$ を，平面内で無理やり 90 度回転して得られたものなので，**平面曲線の曲率には正負の符号がつきます**．たまに，空間曲線の曲率を求める公式（34 ページの練習問題 3.4）を平面曲線に適用しようとする人がいますが，それは無理というものです．（± の差が出てきます．）

[質問] 「曲線はフルネ–セレの公式がすべてである」と 35 ページに書いてありますが，本当にそうなんですか．フルネ–セレの公式を覚えていても，曲線のことがわかった気がしません．

[回答] 「フルネ–セレの公式がすべてである」というのは，「**フルネ–セレの公式から，原理的には，曲線論（曲線の微分幾何学）のすべての結果を導くことができる**」という意味です．フルネ–セレの公式からどのような結果がどのように導かれるかを知らないと曲線論を理解したことになりません．さらに，**具体的な問題を解くためには，解法テクニックを身につける必要がある**のは，どの分野も同じです．

[質問] 曲面の曲率は，法曲率，主曲率，平均曲率，ガウス曲率とたくさんあって，よくわからないのですが・・・．

[回答] **曲面の曲率は，平均曲率とガウス曲率の 2 つです**．法曲率と主曲率は，平均曲率とガウス曲率の定義のために導入した概念であると思っておいてください．

[質問] 「多様体」にはどんな応用があるのですか？

[回答] 「多様体」の応用（基礎編）
(1) 曲線・曲面を含む一般的な幾何学的対象を統一的にあつかえる．
(2) 科学であつかう空間（理論物理などで出てくる時空はリーマン計量でなくて，ローレンツ計量ですが）は，ほとんどすべて多様体である．
(3) 人に「多様体」というと，何かムズカシそうなことをやっているという印象を与え，立派な人間に見える．

(質問) 多様体がわからーーーん.

(回答) 魂の叫びというやつですな．多様体の概念は抽象的なので，理解するには労力がかかります．本書で全体像を頭に入れてから，くわしく書かれたテキストでじっくり勉強すると良いと思います．何度か繰り返していると，そのうちに，

世の中すべて多様体だーーー

と叫んでいることでしょう．

(質問) 数学を勉強すると得をすることがありますか？

(回答) 本書の 111 ページで「ホテリングの定理」というのをやりました．湖から現れた女神が「どの缶詰にしますか？」と尋ねたとき，「ホテリングの定理」を勉強していれば，「どれも同じなので，どの缶詰でもいいです」と即座に答えられます．それを聞いて，女神はきっと

「欲のない人ですね．それなら 3 つともあげましょう．」

ということになると思います．

(質問) 私が調べたところによると，「牛丼」と「曲面」の関係が明らかになってきましたが，この件についてはどう思われますか？

(回答) 最近の私の研究では，「親子どんぶり」は曲率が正で，向きづけ不可能であるという結果が得られています．

(質問) この本に載っている「おやじギャグ」は，私はおもしろいと思うのですが，友人に見せたところ評価が分かれました．本当に必要なのでしょうか？

(回答) 本書の「おやじギャグ」はたいへん洗練されているので，理解するにはある程度のセンスが要求されます．何度も読めば，すばらしさが実感できることと思います．

「おやじギャグ」は、
「対話の潤滑剤」、「会話の調味料」です。
人生で学ぶことがらの中でも、
非常に重要なことがらです。
「おやじギャグ」を身につけて
すてきな人生を送りましょう。

索引

数字・記号

19世紀の数学　149
2次の接触　8, 37
3次の接触　37
×（ベクトルの外積）　25, 44, 50, 159
[,]（ブラケット）　138
C（曲線）　3
$C^r(M)$（M 上の C^r 級関数の全体）　134
$C^\infty(M)$-線形　144, 148, 151
C^0 級　131
C^∞ 級　131, 134, 138
C^r 級　131, 132, 134, 140
C^r 級関数　134
C^r 級写像　140
C^r 級局所座標系　131
C^0 級多様体　132
C^∞ 級多様体　132
C^r 級多様体　132
d_1（ダルブー・フレーム）　102
d_2（ダルブー・フレーム）　102
d_3（ダルブー・フレーム）　102
$(df)_P$（微分写像）　140
$\frac{D}{ds}$（曲線に沿う共変微分）　109
e_1（フルネ・フレーム）　12, 25
e_2（フルネ・フレーム）　12, 25
e_3（フルネ・フレーム）　25
E（第1基本量）　55
F（第1基本量）　55
g（リーマン計量）　153, 154
g_{ij}（計量テンソルの成分）　154
g_{ij}（第1基本量）　84, 86, 88, 89
g^{ij}（計量テンソルの逆行列）　155, 157
g^{ij}（第1基本量の行列の逆行列）　85
G（第1基本量）　55
$\mathcal{G}$（第1基本量から構成された行列）　56, 83
h_{ij}（第2基本量）　84

H（平均曲率）　75
$\mathcal{H}$（第2基本量から構成された行列）　62, 83
K（ガウス曲率）　75
L（第2基本量）　59
M（第2基本量）　59
M（多様体）　132, 133
n（単位法ベクトル）　45
$\widehat{n}$（ガウス写像）　47
N（第2基本量）　59
P（第3基本量）　64
Q（第3基本量）　64
R（第3基本量）　64
R（曲率テンソル）　150
R（スカラー曲率）　156
Ric（リッチ曲率）　156
R_{ij}（リッチ曲率の成分）　156
$R_{ijk}{}^\ell$（曲率テンソルの成分）　151, 155
s（曲線の弧長パラメーター）　5, 23
S（曲面）　42
S^2（2次元球面）　47
S^n（n次元球面）　47
t（曲線の一般のパラメーター）　2, 5, 22
T（捩率テンソル）　146
T_{ij}^k（捩率テンソルの成分）　149
$T_P M$（接空間）　136
u（曲面のパラメーター）　41
U_i（局所座標近傍）　131
v（曲面のパラメーター）　41
X（ベクトル場）　138
X_P（接ベクトル）　136
$\mathcal{X}(M)$（M 上のベクトル場の全体）　138
δ_{ij}（クロネッカーのデルタ）　156
κ（曲率）　12, 26
κ_1（主曲率）　74
κ_2（主曲率）　74
κ_g（測地的曲率）　105, 107, 108, 110
κ_n（法曲率）　106, 107, 108

φ_i（局所座標写像） 131
τ（捩率） 27
τ_g（測地的捩率） 105
Γ_{ij}^k（接続係数） 80, 85, 86, 88, 152
$\frac{\partial}{\partial x_i}$（局所座標から定まる接ベクトル） 137
∇（共変微分，接続） 144

A～Z

algebra 139
Archimedes' spiral 3
arclength parameter 5
Bouquet's formula 34
bracket 139
chain rule 141
Christoffel's symbol 155
Codazzi 88
connection 143
continuous 131
contraction 157
cotangent vector 73
covariant derivative 109, 144
curvature 12, 26
curvature tensor 150
cyclic 159
cycloid 4
Darboux frame 102
det 76
differentiable manifold 132
differential map 140
duality 73
ellipsoid 41
elliptic paraboloid 42
exterior product 159
Finman's law of Mathematics 79
first fundamental form 55
first fundamental quantity 55
frame 138
Frenet frame 102
Frenet-Serret formula 17, 32
Gauss 80, 88, 92

Gauss formula 80
Gauss map 47
Gaussian curvature 75
general topology 164
geodesic 110
geodesic curvature 105
geodesic torsion 105
global 130
Guldin 112
Hausdorff space 164
helix 3
Hessian 147
Hotelling 112
immersion 43
intrinsic 57
isothermal parameter 48
Jacobian matrix 141
Landau 19, 34
Levi-Civita connection 155
Lie algebra 139
local 129
local coordinate 131
local frame 138
Mainardi 88
mean curvature 75
metric 58, 153
Milnor 109
Mother goose 63
moving frame 12
Murphy's law 79
natural equation 18, 33
normal coordinate 156
normal 23
normal curvature 106
normal vector 45
normalization 23
open set 162
ordinary helix 22
Pappus 112
parameter 2
pathological 2

piecewise 4
principal curvature 73
regular 23
Ricci curvature 156
Riemannian manifold 154
Riemannian metric 153
ring 139
scalar curvature 157
second fundamental form 59
second fundamental quantity 59
smooth 131
smooth manifold 132
sphere 47
spiral 3
T_2分離公理 164
tangent space 136
tangent vector 4, 42, 73, 136
tensor 146
tensor field 146
tesla 92
theorema egregium 92
third fundamental form 64
third fundamental quantity 64
topological manifold 132
torsion 27, 147
torsion free 147, 150
torsion tensor 146
tr 76
tube 114
tubular neighborhood 114
unit 24
unit normal vector 46
vector field 138
Weingarten 83
Weingarten formula 83
Weingarten map 77
Weyl 120

あ行

ア・プリオリ 132
アーサー・ブロック 79
あいた口が塞がらぬ 30
アインシュタインの規約 87
幾何學つれづれ草 41
秋山武太郎 41
悪魔の辞典 117
後の祭 10
アルキメデスのらせん 3
異口等温 49
異口同音 49, 118
異口同量 118
位相 128, 162
位相型 40
位相空間 128, 162
位相構造 133
位相多様体 132
位相は「近さ」を定性的に定式化した概念 162
イソップ童話 111
一意的 115, 155
一挙量得 66
一挙両得 66
一般位相 164
ウィトゲンシュタイン 81
うずまき線 3
紆余曲折 20
紆余曲率 20
裏返す、いや、裏ガウス 69
絵本 143
おいしいコーヒーは調和と秩序 32
オイラー数 124
おやじギャグ連続攻撃 52

か行

開集合 129, 162
外積 24, 44, 159
海底二万里 39
回転数 14
回転と平行移動による曲率の不変性 16
回転と平行移動の自由度 18
ガウス 80, 81, 88, 89, 92
ガウス曲率 74, 92
ガウス曲率の絶対値は

ガウス写像の面積比の極限　98
ガウス曲率は行列 $\mathcal{HG}^{-1}$ の行列式　77
ガウス曲率は内在的量　92
ガウス写像　47
ガウスの公式　79, 85, 87
ガウスの定理　92
ガウスの方程式　88, 89
ガウスの料理　92
ガウス–ボネの定理　124
可換性　146, 147, 149
可積分条件　89
括弧積　139
可展面　96
カモねぎ　66
環　133, 139
鑑賞　18
管状近傍　114
関数に対する微分作用　135
カント　54
簡にして要を得る　1
幾何学　1
幾何學つれづれ草　41
木樵とヘルメス　111
基底　46, 137
基本テンソル　86
逆三角関数　7, 13
球面　47, 52, 56, 78
驚異の定理　92
共変微分　109, 147, 150
行列式　76, 159, 161
極形式　3
極座標　3
極小曲面　96, 126
局所座標　129
局所座標系　131
局所的　19, 20, 34, 40, 88, 94, 130, 136, 152, 153, 156
局所ベクトル場　138
局所理論　40
曲線　1
曲線と曲面の微分幾何学　1

曲線の局所的構造　19
曲面　39
曲面の近傍　120
曲率(平面曲線の)　7, 12, 18, 27
曲率(空間曲線の)　26, 27, 32
曲率(曲面の)　67
曲率(多様体の)　150
曲率円　8, 37
曲率円と曲率球　37
曲率円の中心　37
曲率円の半径　27
「曲率がゼロ」の幾何学的意味　35
曲率球　37
曲率球の中心　37
曲率球の半径　37
曲率スター1号　135
曲率テンソル　129
曲率テンソルの成分　152
曲率テンソルは
　　　非可換性による曲率の表現　151
曲率の符号　10
曲率(の絶対値)は曲率半径の逆数　10
曲率半径　7
曲率半径の逆数　10, 13
距離　128, 162
距離空間　162
銀河鉄道の夜　11
近傍　162
空間曲線　22
空間曲線の局所的構造　34
空間曲線の本質は「らせん」　28
区分的　4
クライン　149
クリストッフェルの記号　155
くれぐれ草　121
群　133
計量　58, 153
計量テンソル　154, 183
計量テンソルの成分　154
計量テンソルのテイラー展開の
　"2次の項"の係数が曲率テンソル　156

源氏物語　119
攻撃は最大の防御　110
幸辞苑　90
構造　132
交代行列　18, 32
交代性　160
校長腹出一た一　5
コダッチ–マイナルディの方程式　84, 88
弧長パラメーター　5, 23
誇張パラメーター　5
言葉上皇　68
固有多項式　78
固有値　78

さ行

サイクロイド　4
最短降下線　4
先んずれば人を制す　110
座標　129
座標変換　130
サン＝テグジュペリ　217
三角関数　7
三平方の定理　196
シェイクスピア　31
シェイプ作用素　77
シェービング・クリーム　12
次元　1
指数関数　7
自然方程式　18, 33
磁束密度　92
自分幾何学　1
ジュール・ヴェルヌ　39
主曲率　68, 73, 78
主曲率は行列 $\mathcal{HG}^{-1}$ の固有値　78
縮約　147, 157
種数　130
巡回的　159
純真無垢　142
純粋理性批判　54
常らせん　22
初等関数　7, 29, 48

真古今和歌集　68
人生は山あり谷あり　78
新訳聖書　11
錐面　96
スカラー　17, 51, 55, 56
スカラー曲率　156
過ぎたるは猶及ばざるが如し　100
正規　23
正規化　23, 24, 48, 61
正規座標　156
正規直交基底　12, 25
清少納言　91
正則　23, 43
正則性　43
正則性の条件　43
正定値　154
成分(曲率テンソルの)　152
成分(計量テンソルの)　154
成分(捩率テンソルの)　149
成分表示　152
積の微分法則　135, 136, 144, 147, 155
積の微分法則は微分作用を特徴づける　135
積分可能条件　89
接空間　136
接空間は微分作用による
　　　　バーチャル・リアリティ　134
接触　8, 37
接触平面　36
接線　9
接線曲面　96
接続　143
接続係数　81, 146
接続は幾何構造の微分情報　143
接平面　44
接ベクトル　4, 22, 42, 135, 136, 138
接ベクトルと余接ベクトルの双対性　73
接ベクトルのなす角の変化率　14
接ベクトルは関数に対する微分作用　135
セルバンテス　19
漸近展開　215
線形空間　137, 139

線形写像　43, 50, 140, 141, 146, 179
線形性　135, 136, 144, 148, 151, 161
線形独立　43, 93
線形微分方程式　17, 32
線織曲面　96
双曲線関数　188
双対性　73
双対的　163
測地線　110
測地的曲率　106
測地的捩率　106
ソクラテス　7
孫子　119

た行

体　133
第1基本形式　55
第1基本量　55
第1基本量は曲面の1階微分の情報　60
第3基本形式　64
第3基本量　64
第3基本量は曲面の3階微分の情報　65
第2基本形式　59
第2基本量　59
第2基本量は曲面の2階微分の情報　60
大域的　40
大域の理論　40
対象　133
代数　139
対数関数　7
代数構造　133
楕円　3
楕円放物面　42, 56, 78
楕円面　41, 56, 78
ダジャレ　89
ダジャレぐあい　30
多様体　1, 127, 132
多様体は局所座標と座標変換のシステム　132
ダルブー・フレーム　102
単位　24
単位球面　47

単位接ベクトル　69
単位ベクトル　24
単位法ベクトル　46
単射　43
単純な位相型　40
チェイン・ルール　141
近さ　128, 162
地図　39, 96
地図は嘘つきである　39
チューブ　114
柱面　97
頂点　190
定性的　162
ティマイオス　37
テイラー展開　156
テイラーの定理　19, 194
定量的　162
デカルト　1
テスラ　92
哲学的考察　81
天界の音楽　30
「電・磁・力」　160
テンソル　85, 146
テンソル場　146
転置（行列）　57
等温パラメーター　49, 94
同相写像　129
等長写像　95
同値関係　133
同値類　133
動標構　12
特異点　40, 43
トレース　76
ドン・キホーテ　19

な行

内在的　57, 92
内積　153, 161
内積と外積　161
長い物には巻かれよ　38
なめらかな　131

なめらかな多様体 132
二度あることは三度ある 126
ねじる 36
ねじれ 28
ねじれぐあい 28

は行

ハウスドルフ空間 128, 132, 163
バオバブ 142
芭蕉 67
パスカル 21
パップス–ギュルダンの定理 112
はめ込み 43
パラメーター 2, 22, 42
パラメーター表示 2
パンセ 21
半正定値 65
ハンプティ・ダンプティ 63
ピアス 117
非可換性 143
左手系 160
ひねる 36
ひっくりカエル 149
微分可能多様体 132, 133
微分幾何学 1, 39
微分構造 132
微分作用 134, 135
微分作用を特徴づけるのは
　　　　　積の微分法則 135 144
微分写像 43, 140
微分写像の行列表現はヤコビ行列 141
微分写像は接空間の間の線形写像 140
微分方程式 17, 32
病的な 2
ヒルベルト曲線 2
ファインマンの数学の法則 79
ブーケの公式 34
風車 19
太い線 41
太い腹 ≠ 太っ腹 41
プラトン 37, 153

ブラケット 139
ブルーメンタール 149
フルネ・フレーム 102
フルネ–セレの公式 16, 32
（平面曲線に対する）
　　　　　フルネ - セレの公式 16
フルネ–セレの公式は
　　　　　曲線論の調和と秩序 32
フレーム 138, 145
フレミングの左手の法則 160
プロタゴラス 153
分配法則 160
分離公理 164
分離できる 164
ペアリング 147
閉曲面 124, 130
平均曲率 74, 75
平均曲率は行列 HG^{-1} の
　　　　　トレースの2分の1 77
閉集合 162
平面曲線 3, 12
平面曲線としての曲率 27, 69
平面曲線の局所的構造 20
平面の表と裏 69
ベクトルの外積 159
ベクトル場 142
ベクトル場の全体は
　　　　　ブラケットによりリー群 139
ヘッシアン 147
ヘッセ行列 147
ペリクルーズ 30
偏微分方程式 89
ボイテルスパヒャー 8
法曲率(曲面の) 70
法曲率(曲面上の曲線の) 105
法則の現実化 81
法ベクトル 45
星の王子さま 127, 164, 217
ホテリングの定理 119

ま行

マーク・モンモニア　39
マザーグース　53, 63
マーフィーの法則　79
曲がりぐあい　9, 27, 67, 151
曲がる　36
枕草子　91
正岡子規　67
丸いものにはまかれよ　38
右手系　24, 46, 160
ミッキーガウス　206
ミッキーハウス　206
ミッキーマウス　206
宮沢賢治　11
ミルナー　109
ムービング・フレーム　12, 25, 102
紫式部　119
無理関数　7
メノン　7
メリークリスマス　30
メリーねじれマス　30
メルカトル図法　96
メルヘン　158
面積　49, 99
面積躍如　51
面積要素　51, 58, 120
モース理論　109

や行

ヤコビアン　115, 121
ヤコビ行列　43, 141
ヤコビの恒等式　139
ユークリッド空間　129
有理関数　7
よく知られている関数　7, 29, 48
余弦ベクトル　73
吉田健康　121
よじれぐあい　193

ら行

ラグランジュの未定乗数法　75
らせん　3, 22
ランダウの記号　19, 34, 125
ランベルト図法　96
リー環　139
リー代数　139
リーマン計量　153
リーマン計量は接空間上の内積　153
リーマン多様体　154
リッチ曲率　156
量　10, 27, 54, 133, 146, 152
臨機応変　158
臨機メルヘン　158
捩率(空間曲線の)　27, 28, 32
捩率(多様体上の接続の)　146
「捩率がゼロ」の幾何学的意味　35
捩率テンソル　146
捩率テンソルの成分　149
レオナルド・ダ・ヴィンチ　143
レビ-チビタ接続　147, 154
レビ-チビタ接続は
　　リーマン計量と両立する接続　155
連続な　131
老子　26
ローカル・フレーム　138

わ行

ワイルの定理　120
ワインガルテン　66, 77, 79, 89
ワインガルテン写像　77, 83
ワインガルテンの公式　83, 84, 85, 87
ワインとイカ天　77

著者紹介：

中内伸光（なかうち・のぶみつ）

1983 年　大阪大学理学研究科修士課程修了
現　在　山口大学創成科学研究科教授
　　　　博士（理学）
著　書　「数学の基礎体力をつけるための　ろんりの練習帳」，
　　　　「じっくり学ぶ曲線と曲面」（以上、共立出版），
　　　　「ろんりと集合」（日本評論社）

新装版　幾何学は微分しないと
～微分幾何学入門～

```
                2011 年 10 月  5 日   初  版 1 刷発行
                2019 年  4 月 20 日   新装版 1 刷発行
                2022 年  2 月 24 日     〃    2 刷発行
```

著　者………中内伸光
発行者………富田　淳
発行所………株式会社 現代数学社
　　　　　〒 606-8425 京都市左京区鹿ヶ谷西寺ノ前町 1
　　　　　　　　　TEL 075 (751) 0727　FAX 075 (744) 0906
　　　　　　　　　info@gensu.co.jp

装　幀…………中西真一（株式会社 CANVAS）
印刷・製本……山代印刷株式会社

Ⓒ Nobumitsu Nakauchi, 2011
Printed in Japan

ISBN 978-4-7687-0507-0

● 落丁・乱丁は送料小社負担でお取替え致します．
● 本書のコピー，スキャン，デジタル化等の無断複製は著作権法上での例外を除き禁じられています．
　本書を代行業者等の第三者に依頼してスキャンやデジタル化することは，たとえ個人や家庭内での利用であっても一切認められておりません．